AF388927

ÉTAT CIVIL

DE LA

RACE BIGOURDANE AMÉLIORÉE.

ÉTAT CIVIL

DE LA

RACE BIGOURDANE AMÉLIORÉE,

REGISTRE MATRICULE

DES

POULINIÈRES D'ÉLITE DU DÉPARTEMENT DES HAUTES-PYRÉNÉES

ET DE LEURS PRODUITS,

PUBLIÉ

Par ordre du Ministre de l'Agriculture et du Commerce.

PARIS

IMPRIMERIE SCHNEIDER

RUE D'ERFURTH, 4.

1851

Conformément aux instructions ministérielles en date du 15 juillet 1850, il a été établi au dépôt d'étalons de Tarbes, par les soins du personnel attaché à ce dépôt, un registre matricule pour l'inscription des poulinières d'élite du département des Hautes-Pyrénées, et plus particulièrement encore de celles qui vivent dans la plaine de Tarbes, siége de la race bigourdane améliorée.

Ce registre, destiné à constater l'importance actuelle de la nouvelle famille, en formera les archives sommaires et authentiques. Celles-ci offriront plus tard des matériaux pleins d'intérêt à l'histoire physiologique de la production du cheval dans cette partie de la France.

Les éleveurs ont été informés du désir qu'avait l'administration de constater, dans un livre officiel, l'existence des juments de choix. Ils ont reconnu l'utilité de ce travail, qui répandra une vive clarté sur une question de science encore peu connue, celle de la formation et de l'amélioration des races par des croisements alter-

natifs. L'étude attentive des généalogies fournira de
précieux renseignements et deviendra un guide assez
sûr pour la pratique des accouplements.

Voici la teneur des principales dispositions arrêtées
pour l'établissement de l'*état civil* de la race bigourdane
actuelle :

« Seront seules incrites au registre matricule les
juments dont la bonne filiation aura été authenti-
quement constatée et dont la conformation régulière
répondra au mérite de l'origine. On écartera toute poulinière qui ne compterait pas dans son ascendance au
moins deux étalons de pur sang.

« On distinguera avec un soin scrupuleux les étalons
de sang arabe des étalons de sang anglais, — les étalons
de pur sang des étalons non tracés.

« On suivra d'ailleurs, pour la rédaction, la forme
adoptée pour le *Stud-Book* général.

« Les produits viendront à la suite de l'état des mères.

« Les uns et les autres seront nominativement dé-
signés, afin de rendre plus faciles et plus certaines les
recherches ultérieures.

« Les races pures ayant leur nobiliaire, il n'y a lieu
de comprendre ni les juments ni les produits de pur
sang au *Stud-Book* spécial à la race bigourdane.

« Les juments que leur généalogie permettra d'in-
scrire au registre matricule seront réunies et soumises
à un rigoureux examen de la forme. Tout vice originel,
toute tare susceptibles de nuire à la bonne reproduction
de la race, seront des motifs d'exclusion absolue.

« Pendant la durée du travail préparatoire et un

mois entier après son achèvement, les propriétaires seront admis à en prendre connaissance, à présenter leurs réclamations ou rectifications, à proposer des additions ou des radiations, à fournir de nouvelles preuves soit contraires, soit favorables aux décisions déjà prises.

« A l'expiration de ce délai, le travail deviendra définitif.

« Chaque propriétaire dénommé au registre en recevra un exemplaire imprimé.

« Le registre se continuera tous les ans par l'inscription des naissances et par l'admission au rang des poulinières de toutes les jeunes bêtes que leur âge fera naturellement passer dans cette classe. »

Telles sont les assises sur lesquelles a été fondé l'*état civil de la race bigourdane améliorée.*

Il contient 611 noms, savoir :

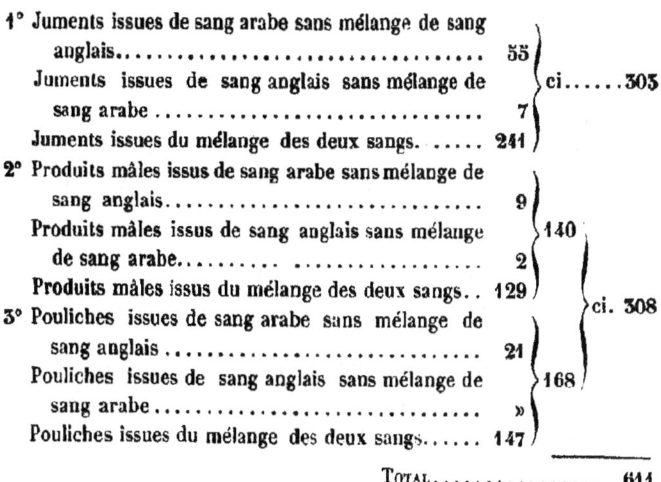

1° Juments issues de sang arabe sans mélange de sang anglais.. 55 }
Juments issues de sang anglais sans mélange de sang arabe .... 7 } ci......303
Juments issues du mélange des deux sangs. ...... 241 }

2° Produits mâles issus de sang arabe sans mélange de sang anglais.............................. 9 }
Produits mâles issus de sang anglais sans mélange de sang arabe......... .... 2 } 140 } ci. 308
Produits mâles issus du mélange des deux sangs.. 129 }

3° Pouliches issues de sang arabe sans mélange de sang anglais............................. 21 }
Pouliches issues de sang anglais sans mélange de sang arabe.............................. » } 168 }
Pouliches issues du mélange des deux sangs...... 147 }

TOTAL................ 611

En d'autres termes :

1° Ascendance arabe sans mélange de sang anglais :
Poulinières .... 55 ⎫
Pouliches .... 21 ⎬ 85 ou 13.91 p. °/₀
Poulains .... 9 ⎭
2° Ascendance anglaise sans mélange de sang arabe :
Poulinières .... 7 ⎫
Pouliches .... » ⎬ 9 ou 1.47 p. °/₀
Poulains .... 2 ⎭
3° Ascendance anglo-arabe ou mêlée :
Poulinières .... 241 ⎫
Pouliches .... 147 ⎬ 517 ou 84.62 p. °/₀
Poulains .... 129 ⎭

Les 611 animaux inscrits sont nés des œuvres de 130 étalons répartis comme ci-après entre les cinq catégories suivantes :

1° Étalons arabes de pur sang .... 43 ou 33.08 p. °/₀.
2° Étalons anglais de pur sang .... 42 ou 32.31
3° Étalons de pur sang anglo-arabe .... 8 ou 6.15
4° Étalons arabes de 1/2 sang .... 24 ou 18.46
5° Étalons anglais de 1/2 sang .... 13 ou 10.00

Il en résulte que les rapports généalogiques entre le pur sang et le demi-sang sont représentés par ces chiffres :

Pur sang .... 71.54 p. °/₀.
1/2 sang .... 28.46 p. °/₀.

Des 130 étalons, producteurs des 611 animaux inscrits et qu'on retrouve 1370 fois dans les généalogies, il n'y en a plus au dépôt de Tarbes que 39, soit 30 pour 100.

Les autres ont disparu pour causes diverses.

Les 611 inscriptions ont été faites aux noms de 208 éleveurs. En moyenne, ce n'est pas tout à fait 3 têtes pour chacun d'eux. La production du cheval est donc exclusivement aux mains du petit propriétaire.

Les deux juments les plus âgées sont nées en 1826 ; il y en a 38 qui n'ont encore que 4 ans et qui ont reçu l'étalon en 1851 pour la première fois.

La table suivante donne, année par année, le relevé des existences de chacune des 303 bêtes classées comme poulinières au registre matricule.

ANNÉE.	NOMBRE.	ANNÉE.	NOMBRE.
1826	2	1839	64
1827	3	1840	76
1828	3	1841	84
1829	3	1842	100
1830	10	1843	116
1831	13	1844	140
1832	15	1845	172
1833	21	1846	214
1834	21	1847	264
1835	26	1848	302
1836	36	1849	303
1837	44	1850	303
1838	50	1851	303

Laissant en dehors les juments de 4 ans, et additionnant le nombre d'années que comptent les 265 poulinières de 5 ans et au-dessus, on arrive à un âge moyen d'un peu plus de 9 ans et demi.

Ce chiffre est à l'avantage de la race, il prouve en faveur de sa longévité, puisque les bêtes qui le donnent sont toutes vivantes et vivaces, pourrait-on dire.

Voilà donc un premier point éclairci. Or, la longévité tient à un ordre de qualités qu'il faut priser haut dans l'espèce du cheval.

Parmi ces 265 poulinières, il en est 77 dont l'état ne donne aucune suite. Les 308 produits nommés appartiennent donc seulement aux 188 autres : ce n'est qu'une moyenne de 1.63.

L'infériorité de ce chiffre montre que les éleveurs ne conservent de leurs produits que les jeunes bêtes nécessaires au renouvellement annuel de la race. Dans les Hautes-Pyrénées, on le sait, l'éleveur n'impose aucun travail au cheval; il le produit comme marchandise, il ne le consomme pas. La vente a lieu à tous les âges, mais particulièrement au plus jeune âge possible. Il n'y a d'exception que pour la pouliche destinée à devenir poulinière dans l'écurie où elle est née.

Ces habitudes sont essentiellement favorables à l'épuration constante de la famille, elles justifient à tous égards la sollicitude dont l'administration des haras entoure la nouvelle race bigourdane.

Paris, le 3 juillet 1851.

EXPLICATION DES ABRÉVIATIONS.

Desc. ar.	Descendance arabe.
Desc. an.	Descendance anglaise.
Desc. an. ar.	Descendance anglo-arabe.
P. S.	Pur sang.
M.	Mâle.
F.	Femelle.
Al.	Alezan.
B.	Bai.
Bb.	Bai brun.
G.	Gris.
N.	Noir.
R.	Rouan.
N. M. T.	Noir mal teint.

ÉTAT CIVIL

DE LA

RACE BIGOURDANE AMÉLIORÉE.

ABÉRIA (desc. an. ar.).

M. Desclaux-Paret aîné, à Horgues.

B. Née en 1835, chez M. Desclaux-Paret aîné, à Horgues. —
Son père, PETER LIBERTY, anglais P. S.; sa mère, par AT-
TITAT vieux, demi-sang anglais. ═ Sa grand'mère, par CIR-
CASSIEN, arabe P. S. — Sa bisaïeule, par MAHOMET, arabe
P. S.

1851. B. M. *Benoni*, par Edwin, an. P. S.

ABIA (desc. an. ar.).

M. Lafaille, à Hiis.

G. Née en 1846, chez M. Lafaille, à Hiis. — Son père, ABIAN,
arabe P. S.; sa mère, par ROWLSTON, anglais P. S. ═ Sa
grand'mère, par CAMASH, arabe P. S. — Sa bisaïeule, par
EUPHRATE, arabe P. S.

ABIANE (desc. an. ar.).

M. Vincent, à Horgues.

G. Née en 1846, chez M. Vincent, à Horgues. — Son père, ABIAN, arabe P. S.; sa mère, par ROWLSTON, anglais P. S. = Sa grand'mère, par CIRCASSIEN, arabe P. S.

1850. G. F. *Emiliana*, par Emilio, an. ar. P. S.

ABIANICA (desc. ar.).

M. Sintilles, à Laloubère.

G. Née en 1846, chez M. Sintilles, à Laloubère. — Son père, ABIAN, arabe P. S.; sa mère, par EMIR, demi-sang arabe. = Sa grand'mère, par MASSOUD, arabe P. S. — Sa bisaïeule, par SHAMY, arabe P. S.

1851. G. F. *Henriette*, par Uzerche, ar. P. S.

ABSENCE (desc. ar.).

M. Serp-Galiou, à Cieutat.

G. Née en 1836, chez M. Serp-Galiou, à Cieutat. — Son père, VADNÉ, arabe P. S.; sa mère, par CIRCASSIEN, arabe P. S. = Sa grand'mère, par DIEZZARD, arabe P. S.

1848. G. M. *Fantasque*, par Soliman, demi-sang ar.
1849. G. F. *Sola*, par Soliman, demi-sang ar.

ABSINTHE (desc. an. ar.).

M. Lapierre, à Louey.

Al. Née en 1847, chez M. Lapierre, à Louey. — Son père, MINSTER, anglais P. S.; sa mère, par CAMASH, arabe P. S. =

Sa grand'mère, par Colibri, demi-sang arabe.—Sa bisaïeule, par Diezzard, arabe P. S.

1851. Al. M. *Sancho,* par Palagram, an. ar. P. S.

ACHILEÏS (desc. an. ar.).

M. Glère, à Arrens.

G. Née en 1847, chez M. Glère, à Barbazan-Debat. — Son père, Patrocle, anglo-arabe P. S.; sa mère, par Camash, arabe P. S. = Sa grand'mère, par Ourfaly, arabe P. S.— Sa bisaïeule, par Circassien, arabe P. S.

ACTIVE (desc. an. ar.).

M. Caparroi, à Laloubère.

Al. Née en 1846, chez M. Caparroi, à Laloubère.—Son père, Minster, anglais P. S.; sa mère, par Shaklawie Amdam, arabe P. S. = Sa grand'mère, par Actif, arabe P. S.

1851. Al. F. *Manola,* par Premier-Août, an. P. S.

ADÈLE (desc. an. ar.).

M. Claverie, à Montgaillard.

Al. Née en 1847, chez M. Claverie, à Montgaillard. — Son père, Little Rover, anglais P. S.; sa mère par Rowlston, anglais P. S. = Sa grand'mère, par Shamy, arabe P. S. — Sa bisaïeule, par Hérac, arabe P. S.

1851. Al. M. *Fringant,* par Gouffern, demi-sang an.

AIMÉE (desc. an. ar.).

M. Lafaye, à Andrest.

G. Née en 1847, chez M. Lafaye, à Andrest. — Son père,

Koheil Hamdani, arabe P. S.; sa mère par Mansourah, arabe
P. S. = Sa grand'mère, par Illustre, demi-sang anglais.
— Sa bisaïeule, par Shamy, arabe P. S. — Sa trisaïeule,
par Scheick, arabe P. S.

ALBINE (desc. an. ar.).

M. Carrère, à Bagnères.

Al. Née en 1847, chez M. Carrère, à Bagnères. — Son père,
Ali-Baba, anglais P. S.; sa mère, par Peter Liberty, anglais
P. S. = Sa grand'mère, par Hérac, arabe P. S. — Sa bis-
aïeule, par Ptolomée, arabe P. S.

ALERTE (desc. an.).

M. Lafont, à Tarbes.

B. Née en 1845, chez M. Lafont, à Tarbes. — Son père, Ker-
mès, anglais P. S.; sa mère, par Dardanus, anglais P. S. =
Sa grand'mère, par Allington, anglais P. S.

1849. B. F. *Choisie*, par Emilio, an. ar. P. S.
1850. B. M. *Moore*, par Emilio, an. ar. P. S.

ALEXINA (desc. an. ar.).

M. Vincent Penin-Vignet, à Laloubère.

G. Née en 1846, chez M. Vincent Penin-Vignet, à Laloubère.
— Son père, Koheil Hamdani, arbae P. S.; sa mère, par Al-
lington, anglais P. S. = Sa grand'mère, par Ourfaly, arabe
P. S. — Sa bisaïeule, par Attitat vieux, demi-sang anglais.
— Sa trisaïeule, par Néron, demi-sang anglais.

1851. Al. F. *Massoudette*, par Rajah, ar. P. S.

ALINE (desc. an. ar.).

M. Bazerque, à Bazet.

B. Née en 1842, chez M. Bazerque, à Bazet. — Son père, AL-
LINGTON, anglais P. S.; sa mère, par SPY, anglais P. S. =
Sa grand'mère, par CHOUEÏMAN, arabe P. S. — Sa bisaïeule,
par SULTAN, demi-sang arabe.

1848. B. M. *Slano*, par Slane, an. P. S.
1849. B. M. *Prosper*, par Prospectus, an. P. S.
1851. B. F. *Edwine*, par Edwin, an. P. S.

ALISETTE (desc. an. ar.).

M. Dubarry, à Montgaillard.

Al. Née en 1846, chez M. Dubarry, à Montgaillard. — Son
père, RENONCE, anglais P. S.; sa mère, par ORTOLAN, demi-
sang anglais. = Sa grand'mère, par SPY, anglais P. S. —
Sa bisaïeule, par CIRCASSIEN, arabe P. S.

1850. Al. M. *Coriolan*, par Treïfi, ar. P. S.
1851. Al. F. *Camille*, par Emilio, an. ar. P. S.

ALLIA (desc. an. ar.).

M. Lafontan, à Marsac.

G. Née en 1839, chez M. Peyraube, à Laloubère. — Son père,
ALLINGTON, anglais P. S.: sa mère, par NÉRON, demi-sang anglais. = Sa grand'mère, par CIRCASSIEN, arabe P. S.

1849. G. F. *Georgette*, par Mansourah, ar. P. S. — M. Barzun de Bours.
1851. Al. M. *Milton*, par Minster, an. P. S.

ALLINGTA (desc. an. ar.).

M. Lavigne, à Lanne.

G. Née en 1856, chez M. Lavigne, à Lanne. — Son père, AL-

LINGTON, anglais P. S.; sa mère, par IPSILANTI, anglais P. S. = Sa grand'mère, par PALAMINO, demi-sang arabe.

1849. G. F. *Perlette*, par Tachiani, ar. P. S.

ALLINGTONE (desc. an. ar.).

M. Daban-Layerle, à Sarouilles.

G. Née en 1856, chez M. Daban-Layerle, à Sarouilles. — Son père, ALLINGTON, anglais P. S.; sa mère, par CAMASH, arabe P. S. = Sa grand'mère, par TAMERLAN, arabe P. S. — Sa bis-aïeule, par PTOLOMÉE, arabe P. S.

ALOUETTE (desc. an. ar.).

M. Sarcia, à Esangles.

G. Née en 1848, chez M. Sarcia, à Esangles. — Son père, TREÏFI, arabe P. S.; sa mère, par EL BEDAVY, arabe P. S. = Sa grand'mère, par PETER LIBERTY, anglais P. S. — Sa bis-aïeule, par CAMASH, arabe P. S.

AMANDA (desc. an. ar.).

M. Boyer, à Laloubère.

B. Née en 1843, chez M. Boyer, à Laloubère. — Son père, QUINE, anglo-arabe P. S.; sa mère, par SPY, anglais P. S. = Sa grand'mère, par SHAMY, arabe P. S.

1850. G. F. *Kyrielle*, par Koheil Hamdani, ar. P. S.
1851. B. F. *Suzon*, par Uzerche, ar. P. S.

AMÉLIA (desc. an. ar.).

M. Vincent, à Horgues.

G. Née en 1843, chez M. Vincent, à Horgues. — Son père.

Emilio, anglo-arabe P. S.; sa mère, par Camash, arabe P. S.
= Sa grand'mère, par Enamel, anglais P. S.

1850. Al. F. *Roverina*, par Little Rover, an. P. S.
1851. Al. F. *Fanchon*, par Hlavie, ar. P. S.

ANAÏS (desc. an.).

M. Fontan, à Orincles.

B. Née en 1845, chez M. Fontan, à Orincles. — Son père,
Paillasse, anglais P. S.; sa mère, par Little Rover, anglais
P. S. = Sa grand'mère, par Hamlet, anglais P. S.

1850. B. M. *Nisus*, par Assassin, an. P. S.

ANGORA (desc. an. ar.).

M. Mathiet, à Bernac-Debat.

G. Née en 1847, chez M. Mathiet, à Bernac-Debat.—Son père,
Prospectus, anglais P. S.; sa mère, par Circassien, arabe
P. S. = Sa grand'mère, par Scheik, arabe P. S. — Sa bis-
aïeule, par Complaisant, demi-sang arabe.

1851. Al. F. *Indienne*, par Rajah, ar. P. S.

ANNA (desc. an. ar.).

M. Desjeanne, à Asté.

B. Née en 1847, chez M. Desjeanne, à Asté. — Son père,
Little Rover, anglais P. S.; sa mère, par Rowlston, anglais
P. S. = Sa grand'mère, par Shamy, arabe P. S.

ANNETTE (desc. an. ar.).

M. Raymond-Dubarry, à Antist.

G. Née en 1846, chez M. Raymond-Dubarry, à Antist. — Son

père. LITTLE ROVER, anglais P. S.; sa mère, par CAMASH. arabe P. S. = Sa grand'mère, par SHAMY, arabe P. S.

1850. G. M. *Alaric*, par Edwin, an. P. S.
1851. G. F. *Jeannette*, par Koheil Hamdani, ar. P. S.

ARABELLA (desc. an. ar.).

M. Lansac, à Momères.

G. Née en 1848, chez M. Lansac, à Momères. — Son père. KOHEIL HAMDANI, arabe P. S.; sa mère, par LITTLE ROVER, anglais P. S. = Sa grand'mère, par ROWLSTON, anglais P. S.

ARABINEA (desc. an. ar.).

M. Claverie, à Montgaillard.

G. Née en 1845. chez M. Claverie, à Montgaillard. — Son père, KOHEIL HAMDANI, arabe P. S.; sa mère, par ROWLSTON, anglais P. S. = Sa grand'mère, par SHAMI, arabe P. S.

ARGINE (desc. ar.).

M. Domec-Dulac, à Arsizac.

B. Née en 1845. chez M. Domec-Dulac, à Arsizac. — Son père. HOMÈRE, arabe P. S.; sa mère, par SHAMY, arabe P. S. = Sa grand'mère, par ACTIF, arabe P. S.

1849. Al. F. *Californie*, par Chaban, ar. P. S.
1851. G. F. *Gertrude*. par Koheil Hamdani, ar. P. S.

ARIANE (desc. an. ar.).

M. Vilou-Coy, à Montgaillard.

G. Née en 1846. chez M. Vilou-Coy, à Montgaillard. — Son père. KOHEIL HAMDANI. arabe P. S.; sa mère, par SPY. anglais

P. S. = Sa grand'mère, par EMIR, demi-sang arabe. — Sa bisaïeule, par HAMLET, anglais P. S.

1851. G. M. *Sorcerer*, par Uzerche, ar. P. S.

ARIETTE (desc. an. ar.).

M. Darré-Ricala, à Fréchou.

G. Née en 1830, chez M. Paulette, à Laloubère. — Son père, OURFALY, arabe P. S.; sa mère, par NÉRON, demi-sang anglais. = Sa grand'mère, par MAHOMET, arabe P. S.

1848. Al. M. *Taquin*, par Tachiani, ar. P. S.
1849. G. F. *Bergerette,* par Koheil Hamdani, ar. P. S.
1850. Al. M. *Félix*, par Fitz Emilius, an. P. S.

ARLEQUINE (desc. an. ar.).

M. Pierre Brune, à Bagnères.

Bb. Née en 1846, chez M. Pierre Brune, à Bagnères. — Son père KOHEIL HABBAS, arabe P. S.; sa mère, par SPY, anglais P. S. = Sa grand'mère, par CIRCASSIEN, arabe P. S.

ASSASSINE (desc. an. ar.).

M. Pérès-Héraut, à Laloubère.

Al. Née en 1847, chez M. Pérès-Héraut, à Laloubère. — Son père, ASSASSIN, anglais P. S.; sa mère, par HOMÈRE, arabe P. S. = Sa grand'mère, par ROWLSTON, anglais P. S. — Sa bisaïeule, par EMIR, demi-sang arabe.

ATALA (desc. ar.).

M. Artiguenave, à Aureilhan.

G. Née en 1848, chez M. Artiguenave, à Aureilhan. — Son

père, Tachiani, arabe P. S.; sa mère, par Camash, arabe P. S.
= Sa grand'mère, par Choueïman, arabe P. S.

ATALANTE (desc. an. ar.).

M. Peyramale, à Momères.

G. Née en 1850. chez M. Peyramale, à Momères. — Son père,
Ourfaly, arabe P. S.; sa mère, par Attitat vieux, demi-
sang anglais. = Sa grand'mère, par Circassien, arabe P. S.
— Sa bisaïeule. par Bedouin, arabe P. S. — Sa trisaïeule,
par Mahomet, arabe P. S.

1849. B. F. *Alinea*, par Ali Baba, an. P. S.

AURORE (desc. an. ar.).

M. Dencausse, à Soues.

G. Née en 1847, chez M. Dencausse, à Soues. — Son père,
Koheil Hamdani. arabe P. S.; sa mère, par Tim, anglais P. S.
= Sa grand'mère, par Attitat vieux, demi-sang anglais.
— Sa bisaïeule, par Diezzard, arabe P. S.

1851. Al. M. *Angelus*, par Uzerche, ar. P. S.

AVELINE (desc. an. ar.).

M. Laurent Pomes, à Tarbes.

Al. Née en 1847, chez M. Dizac, à Tarbes. — Son père, Vautrin, anglais P. S.; sa mère, par Ourfaly, arabe P. S. = Sa
grand'mère, par Tamerlan. arabe P. S.

BABET (desc. an. ar.).

M. Cazaux, à Barbazan-Debat.

B. Née en 1848, chez M. Cazaux, à Barbazan-Debat. — Son

père, Emilio, anglo-arabe P. S.; sa mère, par Chaban, arabe
P. S. = Sa grand-mère, par Ourfaly, arabe P. S.

BABIOLE (desc. an. ar.).

M. Cénac-Lahons, à Laloubère.

B. Née en 1843, chez M. Cénac Lahons, à Laloubère. — Son
père, Emilio, anglo-arabe P. S.; sa mère, par Camash, arabe
P. S. = Sa grand'mère, par Ourfaly, arabe P. S.

1850. Bb. F. *Barricade*, par Worthless, an. P. S.
1851. G. F. *Suzette*, par Treïfi, ar. P. S.

BACTANA (desc. an. ar.).

M. Dalié, à Laloubère.

B. Née en 1848, chez M. Dalié, à Laloubère. — Son père,
Patrocle, anglo-arabe P. S.; sa mère, par Little Rover,
anglais P. S. = Sa grand'mère, par Y. Grosvenor, demi-
sang anglais. — Sa bisaïeule, par Ptolomée, arabe P. S.

BAI-BRUNE (desc. an ar.).

M. Barrère Rouby, à Montgaillard.

B. Née en 1840, chez M. Caillau, à Azereix. — Son père,
Rowlston, anglais P. S.; sa mère, par Frogmore, anglais
P. S. = Sa grand'mère, par Shamy, arabe P. S.

1850. B. M. *Bigourdan*, par Edwin, an. P. S.
1851. B. F. *Juliette*, par Koheil Hamdani, ar. P. S.

BALSORA (desc. an. ar.).

M. Capdevielle-Carrère, à Aspin.

B. Née en 1845, chez M. Capdevielle-Carrère, à Aspin.—Son

père HLAVIE, arabe P. S.; sa mère, par ODESSA, anglais P. S.
= Sa grand'mère, par IPSILANTI, anglais P. S.

BATHILDE (desc. an. ar.).

M. Claverie, à Montgaillard.

G. Née en 1837, chez M. Claverie, à Montgaillard. — Son
père, ROWLSTON, anglais P. S.: sa mère, par SHAMY, arabe
P. S. = Sa grand'mère, par HÉRAC. arabe P. S.

1851. Al. F. *Linotte*, par Rajah, ar. P. S.

BELLA (desc. an. ar.).

M. Clément, à Laloubère.

G. Née en 1839, chez M. Clément, à Laloubère. — Son père.
ROWLSTON, anglais P. S.; sa mère, par CIRCASSIEN, arabe
P. S. = Sa grand'mère, par BATANÉ, demi-sang arabe. —
Sa bisaïeule, par MAHOMET. arabe P. S.

1849. G. F. *Eucharis*, par Prospectus, an. P. S.
1850. G. M. *Belle-Face*, par Darfour, demi-sang ar.
1851. Al. F. *Delphine*, par Rajah, ar. P. S.

BELLONA (desc. an. ar.).

M. Carrère, à Momères.

B. Née en 1847, chez M. Carrère, à Momères. — Son père,
ASSASSIN, anglais P. S.: sa mère, par HOMÈRE, arabe P. S.
= Sa grand'mère, par MASSOUD, arabe P. S. — Sa bisaïeule,
par DIEZZARD, arabe P. S.

BELLONE (desc. an. ar.).

M. Duboë-Pujole, à Trébons.

B. Née en 1848, chez M. Duboë-Pujole, à Trébons. — Son

père, MINSTER, anglais P. S.; sa mère, par ROWLSTON, anglais P. S. = Sa grand'mère, par EMIR, demi-sang arabe. — Sa bisaïeule, par PTOLÉMÉE, arabe P. S.

BELLOTTE (desc. ar.).

M. Mieussens, à Ossun.

G. Née en 1844, chez M. Mieussens, à Ossun. — Son père, BENI, arabe P. S.; sa mère, par VADNÉ, arabe P. S. — Sa grand'mère, par OURFALY, arabe P. S.

1850. B. F. *Marquise*, par Mansourah, ar. P. S.
1851. G. F. *Boulotte*, par Hlavie, ar. P. S.

BELLUA (desc. an. ar.).

M. Barrère-Lagarde, à Hiis.

Al. Née en 1839, Chez M. Barrère-Lagarde, à Hiis. — Son père, CAMASH, arabe P. S.; sa mère, par SPY, anglais P. S. = Sa grand'mère, par HAMLET, anglais P. S. — Sa bisaïeule, par NÉRON, demi-sang anglais.

1847. Al. M. *Y. Assassin*, par Assassin, an. P. S.
1849. B. M. *Newton*, par Emilio, an. ar. P. S.
1850. N. M. *Niger*, par Edwin, an. P. S.
1851. Al. M. *Oxford*, par Y. Emilius, an. P. S.

BENEDICTA (desc. ar.).

M. Carrère, à Horgues.

G. Née en 1844, chez M. Carrère, à Horgues. — Son père, BENI, arabe P. S.; sa mère, par CAMASH, arabe P. S. = Sa grand'mère, par OURFALY, arabe P. S.

1850. G. M. *Papillon*, par Koheil Hamdani, ar. P. S.
1851. G. M. *Taglioni*, par Koheil Hamdani, ar. P. S.

BENIA (desc. an. ar.).

M. Fourcade-Prunet, à Laloubère.

B. Née en 1845, chez M. Fourcade-Prunet, à Laloubère. — Son père, BENI, arabe P. S.: sa mère, par ALLINGTON, anglais P. S. = Sa grand'mère par HAMLET, anglais P. S.

1849. B. F. *Bérésina*, par Prospectus, an. P. S.
1850. Al. M. *Pietro*, par Jabel, demi-sang ar.

BENICE (des. an. ar.).

M. Vilon, à Montgaillard.

B. Née en 1844, chez M. Vilon, à Montgaillard. — Son père, BIMINI, demi-sang arabe; sa mère, par WARKWORTH, anglais P. S. = Sa grand'mère, par NÉRON, demi-sang anglais.

1850. B. F. *Zéphirine*, par Jabel, demi-sang ar.

BÉNIE (desc. ar.).

M. Étienne Bayle, à Laloubère.

Bb. Née en 1843, chez M. Étienne Bayle, à Laloubère. — Son père, BENI, arabe P. S. ; sa mère, par OUHFALY, arabe P. S. = Sa grand'mère, par DIEZZARD, arabe P. S.

1849. B. F. *Martha*, par The Scavenger, an. P. S.

BÉNIETTE (desc. ar.).

M. Pouey-Noiret, à Allier.

G. Née en 1845, chez M. Pouey-Noiret, à Allier. — Son père, BENI, arabe P. S.; sa mère, par OURFALY, arabe P. S. = Sa grand'mère, par SHAMY, arabe P. S.

1851. G. M. *Figaro*, par Mansourah, ar. P. S.

BÉRÉNICE (desc. ar.).

M. Daressis-Carrère, à Odos.

G. Née en 1846, chez M. Daressis-Carrère, à Odos. — Son
père, Koheil-Hamdani, arabe P. S.; sa mère, par Shamy, arabe
P. S. = Sa grand'mère, par Tamerlan, arabe P. S.

1850. G. F. *Mantille*, par Palagram, an. ar. P. S.
1851. G. M. *Odon*, par Uzerche, ar. P. S.

BERGÈRE (desc. an. ar.).

M. Layerle-Daban, à Sarouilles.

G. Née en 1848, chez M. Layerle-Daban, à Sarouilles. — Son
père, Slane, anglais P. S.; sa mère, par Allington, anglais
P. S. = Sa grand'mère, par Camash, arabe P. S. — Sa bisaïeule, par Tamerlan, arabe P. S. — Sa trisaïeule, par Ptolomée, arabe P. S.

BICHE (desc. an. ar.).

M. Sarcia-Moulette, à Montgaillard.

B. Née en 1842, chez M. Sarcia-Moulette, à Montgaillard. —
Son père, El Bedary, arabe P. S.; sa mère, par Spy, anglais
P. S. = Sa grand'mère, par Euphrate, arabe P. S.

BLANCHE (desc. an. ar.).

M. Lamarque, à Sarouilles.

G. Née en 1846, chez M. Lamarque, à Sarouilles. — Son
père, Koheil Hamdani, arabe P. S.; sa mère, par Mansourah,
arabe P. S.=Sa grand'mère, par Allington, anglais P. S.—
Sa bisaïeule, par Ipsilanti, anglais P. S. — Sa trisaïeule,
par Haddeïdi, arabe P. S.

1851. B. F. *Françoise*, par Edwin, an. P. S.

BLONDE (desc. ar.).

M. Mailhes, à Mérilheu.

Al. Née en 1839, chez M. Mailhes, à Mérilheu. — Son père, El. Bedany, arabe P. S.; sa mère, par Circassien, arabe P.S. = Sa grand'mère, par Ptolomée, arabe P. S.

1850. Al. M. *Blondin*, par Assassin, an. P. S.

BOUCI-BOULA (desc. an. ar.).

M. Bazerque-Gajan, à Saint-Arroman.

B. Née en 1847, chez M. Bazerque-Gajan, à Saint-Arroman. — Son père, Treïfi, arabe P. S.; sa mère par Camash, arabe P. S. = Sa grand'mère, par Spy, anglais P. S.

BRILLANTE (desc. an. ar.).

M. Péré-Minjinon, à Arsizac-Adour.

G. Née en 1856, chez M. Péré-Minjinon, à Arsizac-Adour. — Son père, Rowlston, anglais P. S.; sa mère, par Ourfaly, arabe P. S.=Sa grand'mère, par Ptolomée, arabe P. S.

1850. G. M. *Sultan*, par Treïfi, ar. P. S.
1851. G. F. *Circassienne*, par Treïfi, ar. P. S.

BRUNETTE (desc. an. ar.).

M. Claverie, à Pouzac

G. Née en 1844, chez M. Claverie, à Pouzac. — Son père, Little Rover, anglais P. S.; sa mère, par Camash, arabe P. S. = Sa grand'mère, par Néron, demi-sang anglais.

CALIFA (desc. an. ar.).

M. Sarthou-Galentou, à Andrest.

G. née en 1841, chez M. Sarthou-Galentou, à Andrest.—Son
père, CALIF, anglo-arabe P. S.; sa mère, par OURFALY, arabe
P. S. = Sa grand'mère, par ENAMEL, anglais P. S.]

1848. G. M. *Vengeur*, par The Scavenger, an. P. S.
1849. G. M. *Morokin*, par Morok, an. P. S.
1851. Al. M. *Fritz*, par Fitz Emilius, an. P. S.

CALIPSO (desc. ar.).

M. Carrère, à Momères.

B. Née en 1840, chez M. Carrère. à Momères. — Son père,
HOMÈRE, arabe P. S.; sa mère, par MASSOUD, arabe P. S. =
Sa grand'mère, par DIEZZARD, arabe P. S.

1850. G. F. *Terpsichore*, par Tunis, demi-sang ar.
1851. B. F. *Uranie*, par Fitz Emilius, an. P. S.

CALISTO (desc. an. ar.).

M. Lafaye, à Andrest.

G. Née en 1842, chez M. Lapierre, à Soues. — Son père, MAN-
SOURAH, arabe P. S.; sa mère, par ILLUSTRE, demi-sang anglais. = Sa grand'mère, par SHAMY, arabe P. S. — Sa bisaïeule, par SCHEICK, arabe P. S.

1848. B. F. *Daphné*, par Emilio, an. ar. P. S.
1849. B. F. *Andresine*, par Emilio, an. ar. P. S.
1850. G. F. *Rayon*, par Koheil Hamdani, ar. P. S.

CAMACHE (desc. ar.).

M. Lavigne, à Salles-Adour.

G. Née en 1830, chez M. Lavigne. à Salles-Adour. — Son

père, CAMASH, arabe P. S.; sa mère, par CIRCASSIEN, arabe
P. S. = Sa grand'mère, par PTOLOMÉE, arabe P. S. — Sa bisaïeule, par BATANÉ, demi-sang arabe.

1849. G. F. *Griseldis*, par Emilio, an. ar. P. S.
1851. G. M. *Président*, par Illavie, ar. P. S.

CAMASH-FILLY (desc. an. ar.).

M. Marcassus, à Horgues.

G. Née en 1856, chez M. Marcassus, à Horgues. — Son père,
CAMASH, arabe P. S.; sa mère, par PETER LIBERTY, anglais
P. S. = Sa grand'mère, par CHOUEIMAN, arabe P. S.

1851. B. M. *Tivoli*, par Edwin, an. P. S.

CAZABINE (desc. an. ar.).

M. Laborde-Arbaye, à Laloubère.

G. Née en 1848, chez M. Laborde-Arbaye, à Laloubère. —
Son père, PROSPECTUS, anglais P. S.; sa mère, par ROWL-
STON, anglais P. S. = Sa grand'mère, par EUPHRATE, arabe
P. S.

CENDRILLON (desc. an. ar.).

M. Cénac, à Laloubère.

G. Née en 1845, chez M. Cénac, à Laloubère. — Son père,
BENI, arabe P. S.; sa mère, par SPY, anglais P. S. = Sa
grand'mère, par ACTIF, arabe P. S.

1849. G. F. *Ada*, par Emilio, an. ar. P. S.
1850. G. F. *Patronesse*, par Emilio, an. ar. P. S.
1851. G. F. *Chouette*, par Palagram, an. ar. P. S.

CERISE (desc. ar.).

M. Lagarde-Boë, à Montgaillard.

B. Née en 1842, chez M. Lagarde-Boë, à Montgaillard.—Son père, HOMÈRE, arabe P. S.; sa mère, par EL BEDAVY, arabe P. S. = Sa grand'mère, par CIRCASSIEN, arabe P. S. — Sa bisaïeule, par PTOLOMÉE, arabe P. S.

1850. B. F. *Châtaigne*, par Assassin, an. P. S.

CHABANNE (desc. an. ar.).

M. Carrère, à Salles-Adour.

G. Née en 1842, chez M. Carrère, à Salles-Adour. — Son père, CHABAN, arabe P. S.; sa mère, par CAMASH, arabe P. S. = Sa grand'mère, par SPY, anglais P. S. — Sa bisaïeule, par PALAMINO, demi-sang arabe.

1848. B. F. *Florine*, par Emilio, an. ar. P. S.

CHABANNÉE (desc. an. ar.).

M. Deffis, à Lanne.

G. Née en 1843, chez M. Tapie-Carazet, à Laloubère. — Son père, CHABAN, arabe P. S.; sa mère, par ROWLSTON, anglais P. S.=Sa grand'mère, par CIRCASSIEN, arabe P. S.—Sa bisaïeule, par SHAMY, arabe P. S.

1849. G. F. *Torpeur*, par Tachiani, ar. P. S.
1851. G. M. *Gustave*, par Palagram, an. ar. P. S.

CHABIA (desc. ar.).

M. Lacoume, à Horgues.

G. Née en 1848, chez M. Lacoume, à Horgues. — Son père,

CHABAN, arabe P. S.; sa mère, par SHAMY, arabe P. S. = Sa grand'mère, par CIRCASSIEN, arabe P. S.

CHABIANA (desc. an. ar.).

M. Capdevielle, à Arsizac-Adour.

B. Née en 1844, chez M. Capdevielle, à Arsizac-Adour. — Son père, CHABAN, arabe P. S.; sa mère, par LITTLE ROVER, anglais P. S. = Sa grand'mère, par WARKWORTH, anglais P. S. — Sa bisaïeule, par EUPHRATE, arabe P. S.

1851. B. F. *Triomphante*, par Illavie, ar. P. S.

CHAMIA (desc. ar.).

M. Campagnolle, à Laloubère.

G. Née en 1844, chez M. Campagnolle, à Laloubère. — Son père, KOHEIL HAMDANI, arabe P. S ; sa mère, par SHAMY, arabe P. S.=Sa grand'mère, par CIRCASSIEN, arabe P. S.—Sa bisaïeule, par BATANÉ, demi-sang arabe. — Sa trisaïeule, par MAHOMET, arabe P. S.

1850. G. F. *Jabeline*, par Jabel, demi-sang ar.
1851. G. M. *Rodillard*, par Illavie, ar. P. S.

CHAMITTE (desc. ar.).

M. Cazaux-Mignonet, à Montgaillard.

G. Née en 1848, chez M. Cazaux-Mignonet, à Montgaillard. — Son père, TREÏFI, arabe P. S.; sa mère, par SHAMY, arabe P. S. = Sa grand'mère, par ACTIF, arabe P. S.

CHARLOTTE (desc. an. ar.).

M. Lavigne, à Lanne.

G. Née en 1845, chez M. Lavigne, à Lanne. — Son père,

Skirmisher, anglais P. S.; sa mère, par Allington, anglais
P. S. = Sa grand'mère, par Ipsilanti, anglais P. S. — Sa
bisaïeule, par Palamino, demi-sang arabe.

1858. B. M. *Emile*, par Emilio, an. ar. P. S.

CHATELAINE (desc. an. ar.).

M. Soulé, à Tarbes.

G. Née en 1838, chez M. Sansoulet, à Laloubère.— Son père,
Little Rover, anglais P. S.; sa mère, par Circassien, arabe
P. S. = Sa grand'mère, par Hérac, arabe P. S.

1850. Bb. F. *Statuaire*, par Worthless, an P. S.

CIPRINE (desc. an. ar.).

M. Barrère-Rouby. à Montgaillard.

B. Née en 1848, chez M. Barrère-Rouby, à Montgaillard. —
Son père, Assassin, anglais P. S.; sa mère, par Rowlston,
anglais P. S. = Sa grand'mère, par Frogmore, anglais P. S.
— Sa bisaïeule, par Shamy, arabe P. S.

CLOWNA (desc. an. ar.).

M. Penin, à Laloubère.

G. Née en 1848, chez M. Penin, à Laloubère. — Son père,
Emilio, anglo-arabe P. S.; sa mère, par Auriol, anglais P. S.
= Sa grand'mère, par Néron, demi-sang anglais.

COQUELUCHE (desc. an. ar.).

M. Domec, à Ordizan.

G. Née en 1847, chez M. Domec, à Ordizan. — Son père,
Renonce, anglais P. S.; sa mère, par Ourfaly, arabe P. S.
= Sa grand'mère, par Shamy, arabe P. S.

COQUETTE (desc. an. ar.).

M. Domec-Bourtouilh, à Vielle.

G. Née en 1845, chez M. Domec-Bourtouilh, à Vielle. — Son père, LITTLE ROVER, anglais P. S.; sa mère, par CAMASH, arabe P. S. = Sa grand'mère, par NÉRON, demi-sang anglais.

1849. G. M. *Rovero*, par Soliman, demi-sang ar.
1850. G. F. *Viella*, par Jabel, demi-sang ar.
1851. G. M. *Astracan*, par Koheil Hamdani, ar. P. S.

CORA (desc. an. ar.).

M. Jouannolou, à Juillan.

G. Née en 1848, chez M. Lavigne, à Lanne. — Son père, TACHIANI, arabe P. S.; sa mère, par ALLINGTON, anglais P. S. = Sa grand'mère, par IPSILANTI, anglais P. S. — Sa bisaïeule, par PALAMINO, demi-sang arabe.

CORAIL (desc. ar.).

M. Cazabat, à Sarouilles.

G. Née en 1847, chez M. Cazabat, à Sarouilles. — Son père, KOHEIL HAMDANI, arabe P. S.; sa mère, par CAMASH, arabe P. S. = Sa grand'mère, par CIRCASSIEN, arabe P. S. — Sa bisaïeule, par BATANÉ, demi-sang arabe. — Sa trisaïeule, par MAHOMET, arabe P. S.

CORINNE (desc. an. ar.).

M. Ribes, à Barbazan-Debat.

Al. Née en 1847, chez M. Ribes, à Barbazan-Debat. — Son père, VAUTRIN, anglais P. S.; sa mère, par VADNÉ, arabe P. S.

= Sa grand'mère, par CAMASH, arabe P. S. — Sa bisaïeule par OURFALY, arabe P. S.

1851. B. M. *Barbazan*, par Hlavie, ar. P. S.

CORNEILLE (desc. an. ar.).

M. Grazide, à Bazet.

Bb. Née en 1852, chez M. Grazide, à Bazet. — Son père, SPY, anglais P. S.; sa mère, par MAJESTUEUX, arabe P. S. = Sa grand'mère, par CIRCASSIEN, arabe P. S.

1850. Bb. F. *Girandole*, par Worthless, an. P. S.
1851. B. M. *Tortillard*, par Rajah, ar. P. S.

DARDANELLE (desc. an. ar.).

M. Place-Bayle, à Anglade.

B. Née en 1840, chez M. Gane, à Oursbellile. — Son père, DARDANUS, anglais P. S.; sa mère, par CAMASH, arabe P. S. = Sa grand'mère, par EL BEDAVY, arabe P. S.

1849. B. F. *Programme*, par Prospectus, an. P. S.
1851. B. F. *Piron*, par Prospectus, an. P. S.

DARIA (desc. an. ar.).

M. Charles Lacrampe, à Tarbes.

B. Née en 1845, chez M. Barrère-Lagarde, à Hiis.—Son père, QUINE, anglo-arabe P. S.; sa mère, par CAMASH, arabe P. S. = Sa grand'mère, par SPY, anglais P. S. — Sa bisaïeule, par HAMLET, anglais P. S.—Sa trisaïeule, par NÉRON, demi-sang anglais.

1848. B. M. *King-Charles*, par Mansourah, ar. P. S.
1849. G. F. *Hardiesse*, par Kokeil Hamdani, ar. P. S.
1851. B. F. *Fleur des Champs*, par Y. Emilius, an. P. S.

DARIOLE (desc. an. ar.).

M. Bordenave, à Argelès.

B. Née en 1845, chez M. Bordenave, à Argelès.— Son père, HLAVIE, arabe P. S.; sa mère, par ÉPROUVÉ, anglo-arabe P. S. = Sa grand'mère, par POMPADOUR, demi-sang arabe. — Sa bisaïeule, par ACTIF, arabe P. S.

1849. B. F. *Humeur*, par Homère, ar. P. S.
1850. B. F. *Carlotta*, par Chaban, ar. P. S.

DATTE (desc. an. ar.).

M. Burguès, à Aurensan.

G. Née en 1844, chez M. Burguès, à Aurensan. — Son père, SKIRMISHER, anglais P. S.; sa mère, par ÉMIR, demi-sang arabe. = Sa grand'mère, par ACTIF, arabe P. S. — Sa bisaïeule, par DIEZZARD, arabe P. S.

1849. Al. F. *Bise*, par The Scavenger, an. P. S.

DÉFIANCE (desc. an. ar.).

M. Bordenave, à Argelès.

G. Née en 1847, chez M. Bordenave, à Argelès. — Son père, RENONCE, anglais P. S.; sa mère, par DARDANUS, anglais P. S. = Sa grand'mère, par POMPADOUR, demi-sang arabe. — Sa bisaïeule, par MAJESTUEUX, arabe P. S.

DENISE (desc. an. ar.).

M. Niver, à Argelès.

G. Née en 1845, chez M. Niver, à Argelès. — Son père, SKIRMISHER, anglais P. S.; sa mère, par PAON, demi-sang an-

glais. $=$ Sa grand'mère, par MAJESTUEUX, arabe P. S. — Sa
bisaïeule, par SULTAN, demi-sang arabe.

1851. G. M. *Niverus*, par Chaban, ar. P. S.

DÉSIRÉE (desc. an. ar.).

M. Carrère, à Loubajac.

G. Née en 1842, chez M. Carrère, à Loubajac. — Son père,
CAMASH, arabe P. S.; sa mère, par OURFALY, arabe P. S. $=$
Sa grand'mère, par ENAMEL, anglais P. S.

DIABLOTINE (desc. an. ar.).

M. Latapie, à Lanne.

G. Née en 1847, chez M. Lalanne, à Trébons. — Son père,
LITTLE ROVER, anglais P. S.; sa mère, par CAMASH, arabe
P. S. $=$ Sa grand'mère, par CIRCASSIEN, arabe P. S.

DOROTHÉE (desc. an. ar.).

M. Bazerque, à Bazet.

G. Née en 1843, chez M. Bazerque, à Bazet. — Son père, AL-
LINGTON, anglais P. S.; sa mère, par SPY, anglais P. S. $=$ Sa
grand'mère, par CHOUEÏMAN, arabe P. S. — Sa bisaïeule, par
SULTAN, demi-sang arabe.

DOUCETTE (desc. an. ar.).

M. Sarthou, à Marsac.

Al. Née en 1833, chez M. Cazenave, à Tarbes. — Son père,
LION, arabe P. S.; sa mère, par SPY, anglais P. S. $=$ Sa
grand'mère, par CHOUEÏMAN, arabe P. S.

1848. B. M. *Espoir*, par Mansourah, ar. P. S.

DOUILLETTE (desc. an. ar.).

M. Vergez-Blazy, à Adé.

B. Née en 1844, chez M. Vergez-Blazy, à Adé. — Son père, Vendredi, anglais P. S.; sa mère, par Little Rover, anglais P. S. = Sa grand'mère, par Rowlston, anglais P. S.— Sa bisaïeule, par Camash, arabe P. S.

1848. G. M. *Marengo*, par Canton, an. P. S.
1849. B. F. *Mandoline*, par Prospectus, an. P. S.
1850. B. F. *Sirène*, par Prospectus, an. P. S.

DULCINÉE (desc. an. ar.).

M. Comte, à Azereix.

Al. Née en 1840, chez M. Comte, à Azereix. — Son père, Mendicant, anglais P. S ; sa mère, par Ourfaly, arabe P. S. = Sa grand'mère, par Scheik, arabe P. S.

1851. G. M. *Campagnard*, par Chaban, ar. P. S.

ÉCREVISSE (desc. an. ar.).

M. Sarcia-Moulette, à Montgaillard.

B. Née en 1848, chez M. Sarcia-Moulette, à Montgaillard.— Son père, Assassin, anglais P. S.; sa mère, par El Bedavy, arabe P. S. = Sa grand'mère, par Spy, anglais P. S. — Sa bisaïeule, par Euphrate, arabe P. S.

EL BEDAVINE (desc. ar.).

M. Rebeillé, à Salles-Adour.

Al. Née en 1843, chez M. Rébeillé, à Salles-Adour. — Son père, El Bedavy, arabe P. S.; sa mère, par Ourfaly, arabe P. S. = Sa grand'mère, par Tamerlan, arabe P. S.

1851. Al. M. *Ben Hussein*, par Uzerche, ar. P. S.

ÉLOÏSE (desc. an. ar.)

M. Étienne Bayle, à Laloubère.

B. Née en 1848, chez M. Étienne Bayle, à Laloubère. — Son père, Emilio, anglo-arabe P. S.; sa mère, par Ourfaly, arabe P. S. = Sa grand'mère, par Diezzard, arabe P. S.

ÉMILIA (desc. an. ar.).

M. Jacques Davezac, à Soues.

G. Née en 1847, chez M. Jacques Davezac, à Soues. — Son père, Emilio, anglo-arabe P. S.; sa mère, par Hamlet, anglais P. S. = Sa grand'mère, par Batané, demi-sang arabe. — Sa bisaïeule, par Mahomet, arabe P. S.

1851. G. F. *Honorine*, par Rajah, ar. P. S.

ÉMILIE (desc. an. ar.).

M. Péré-Minjinon, à Arsizac-Adour,

B. Née en 1847, chez M. Péré-Minjinon, à Arsizac-Adour.— Son père, Emilio, anglo-arabe P. S.; sa mère, par Shaclawie Amdam, arabe P. S. = Sa grand'mère, par Circassien, arabe P. S. — Sa bisaïeule, par Ptolomée, arabe P. S.

1851. B. M. *Solide*, par Koheil Hamdani, ar. P. S.

EMMELINE (desc. an. ar.).

M. Brauhauban, à Tarbes.

G. Née en 1845, chez M. Sempé, à Bazet. — Son père, Emilio, anglo-arabe P. S.; sa mère, par Camash, arabe P. S. = Sa grand'mère, par Shamy, arabe P. S.

1851. B. M. *Capitan*, par Premier-Août, an. P. S.

ESPIONNE (desc. an. ar.).

M. Sarcia-Moulette, à Montgaillard.

B. Née en 1848, chez M. Sarcia-Moulette, à Montgaillard. — Son père, TREÏFI, arabe P. S.; sa mère, par SPY, anglais P. S. = Sa grand'mère, par EUPHRATE, arabe P. S.

ESTELLE (desc. an. ar.).

M. Tisnez, à Aureilhan.

B. Née en 1848, chez M. Tisnez, à Aureilhan. — Son père, MANSOURAH, arabe P. S.; sa mère, par SPY, anglais P. S. = Sa grand'mère, par OURFALY, arabe P. S. — Sa bisaïeule, par CIRCASSIEN, arabe P. S.

ESTHER (desc. an. ar.).

M. Pouey, à Tarbes.

B. Née en 1845, chez M. Pouey, à Tarbes. — Son père, EMILIO, anglo-arabe P. S.; sa mère, par PETER LIBERTY, anglais P. S. = Sa grand'mère, par SHAMY, arabe P. S. — Sa bisaïeule, par DIEZZARD, arabe P. S.

1849. Al. F. *Curdiska*, par Mansourah, ar. P. S.
1850. B. F. *Rime*, par Morok, an. P. S. — M. Rimefaite, de Tarbes.
1851. Al. M. *Bernadotte*, par Rajah, ar. P. S.

EUPHRATA (desc. an. ar.).

M. Domec-Dulac, à Visker.

G. Née en 1848, chez M. Domec-Dulac, à Visker. — Son père, TREÏFI, arabe P. S.; sa mère, par MUPHTY, arabe P. S. = Sa grand'mère, par SPY, anglais P. S. — Sa bisaïeule, par EUPHRATE, arabe P. S.

EUPHROSINE (desc. ar.).

M. Lalanne, à Trébons.

Al. Née en 1826, chez M. Lalanne, à Trébons. — Son père, MAJESTUEUX, arabe P. S.; sa mère, par EUPHRATE, arabe P. S. = Sa grand'mère, par PTOLOMÉE, arabe P. S.

1850. G. F. *Sarah*, par Treïfi, ar. P. S.

EURYDICE (desc. an. ar.).

M. Barou-Hourt, à Lanne.

G. Née en 1847, chez M. Sempé à Bazet. — Son père, EMILIO, anglo-arabe P. S.; sa mère, par BENI, arabe P. S. = Sa grand'mère, par CAMASH, arabe P. S. — Sa bisaïeule, par SHAMY, arabe P. S.

1851. Al. F. *Modèle*, par Mansourah, ar. P. S.

FABIANE (desc. an. ar.).

M. Sarcia-Moulette, à Montgaillard.

B. Née en 1847, chez M. Sarcia-Moulette, à Montgaillard. — Son père, ABIAN, arabe P. S.; sa mère, par SPY, anglais P. S. = Sa grand'mère, par EUPHRATE, arabe P. S.

FATMÉ (desc. an. ar.).

M. Ducasse, à Bazet.

G. Née en 1846, chez M. Sempé, à Bazet. — Son père, EMILIO, anglo-arabe P. S.; sa mère, par CAMASH, arabe P. S. = Sa grand'mère, par SHAMY, arabe P. S.

1851. G. F. *Demoiselle*, par Treïfi ou Mansourah, ar. P. S.

FAUVETTE (desc. an. ar.).

M. Fillastre-Cabilat, à Montgaillard.

B. Née en 1844, chez M. Fillastre-Cabilat, à Montgaillard. — Son père, LITTLE ROVER, anglais P. S., sa mère, par SPY, anglais P. S. = Sa grand'mère, par EUPHRATE, arabe P. S.

1848. B. F. *Hélène*, par Assassin, an. P. S.
1850. B. M. *Snip*, par Assassin, an. P. S.

FAVEUR (desc. an. ar.).

M. Barrère-Rouby, à Montgaillard.

B. Née en 1846, chez M. Barrère-Rouby, à Montgaillard. — Son père, EMILIO, anglo-arabe P. S.; sa mère, par CAMASH, arabe P. S. = Sa grand'mère, par OURFALY, arabe P. S.

FAVORITE (desc. an. ar.).

M. Leschenault, à Tarbes.

Al. Née en 1836, chez M. Barrère, à Ibis. — Son père, OURFALY, arabe P. S.; sa mère, par FAVOURITE, demi-sang anglais. = Sa grand'mère, par NAPOLITAIN, demi-sang arabe. — Sa bisaïeule, par MAHOMET, arabe P. S.

1849. B. F. *Medora*, par Emilio, an. ar. P. S.
1851. B. F. *Fleur-de-Marie,* par Emilio, an. ar. P. S.

FELICIA (desc. an. ar.).

M. Darieu (dit Sonis), à Tarbes.

B. Née en 1846, chez M. Dizac, à Tarbes. — Son père, MINSTER, anglais P. S.; sa mère, par EL BEDAVY, arabe P. S. = Sa grand'mère, par OURFALY, arabe P. S. — Sa bisaïeule, par TAMERLAN, arabe P. S.

FIDÈLE (desc. an. ar.).

M. Domec-Castéra, à Salles-Adour.

B. Née en 1848, chez M. Domec-Castéra, à Salles-Adour. — Son père, EMILIO, anglo-arabe, P. S.; sa mère, par OURFALY, arabe P. S.=Sa grand'mère, par CIRCASSIEN, arabe P. S. — Sa bisaïeule, par TAMERLAN, arabe P. S.

FLEURETTE (desc. an. ar.).

M. Mathieu Cazenave, à Laloubère.

B. Née en 1846, chez M. Mathieu Cazenave, à Laloubère. — Son père, EMILIO, anglo-arabe P. S.; sa mère, par SPY, anglais P. S. = Sa grand'mère, par NÉRON, demi-sang anglais.

1850. G. F. *Brise-Miche*, par Koheil Hamdani, ar. P. S.
1851. G. F. *Coralie*, par Uzerche, ar. P. S.

FOLLETTE (desc. an. ar.).

M. Anglade, à Boulin.

Al. Née en 1846, chez M. Anglade, à Boulin. — Son père, PAILLASSE, anglais P. S.; sa mère, par YOUSSOUF, arabe P. S. = Sa grand'mère, par HÉRAC, arabe P. S.

1851. B. M. *Ninive*, par Fitz Emilius, an. P. S.

FRANCESCA (desc. an. ar.).

M. Caillau-Peyralade, à Azereix.

Al. Née en 1826, chez M. Caillau-Peyralade, à Azereix.—Son père, FROGMORE, anglais P. S.; sa mère, par SHAMY, arabe P. S. = Sa grand'mère, par DIEZZARD, arabe P. S.

1847. B. F. *Musa*, par Emilio, an. ar. P. S.
1848. B. M. *Emilien*, par Emilio, an. ar. P. S.

1849. B. F. *Azurine*, par Emilio, an. ar. P. S.
1850. Al. F. *Fleur-des-Pois*, par Premier-Août, an. P. S.
1851. Al. M. *Mistigris*, par Edwin, an. P. S.

FRIGIANE (desc. ar.).

M. Minjoulet, à Arsizac.

G. Née en 1835, dans les Basses-Pyrénées. — Son père, FRI-
GIAN, arabe P. S.; sa mère, par OURFALY, arabe P. S. = Sa
grand'mère, par CIRCASSIEN, arabe P. S.

1848. Al. F. *Zéline*, par Chaban, ar. P. S.
1849. G. F. *Fifine*, par Tachiani, ar. P. S.
1850. G. F. *Solima*, par Soliman, demi-sang ar.
1851. G. M. *César*, par Fitz Emilius, an. P. S.

FROGMORE FILLY (desc. an. ar.).

M. Pène, à Salles-Adour.

B. Née en 1851, chez M. Pène, à Salles-Adour. — Son père,
FROGMORE, anglais P. S.; sa mère, par EUPHRATE, arabe P. S.
= Sa grand'mère, par MAHOMET, arabe P. S.

1848. G. M. *Pater*, par Hamdani, ar. P. S.
1849. G. F. *Audrée*, par Abian, ar. P. S.
1850. B. F. *Abinette*, par Abian, ar. P. S.

GABRIELLE (desc. an. ar.).

M. Cénac-Lahons, à Laloubère.

G. Née en 1839, chez M. Cénac-Lahons, à Laloubère. — Son
père, ROWLSTON, anglais P. S.; sa mère, par CIRCASSIEN, arabe
P. S. = Sa grand'mère, par PTOLOMÉE, arabe P. S.

1850. G. F. *Germania*, par Darfour, demi-sang ar.

GALATÉE (desc. ar.).

M. Tarissan, à Beaudéan.

G. Née en 1847, chez M. Tarissan, à Beaudéan. — Son père,
Abian, arabe P. S.; sa mère, par Ourfaly, arabe P. S. = Sa
grand'mère, par Hérac, arabe P. S.

GAZAH (desc. an. ar.).

M. Dupont, à Laloubère.

B. Née en 1846, chez M. Dupont, à Laloubère. — Son père,
Minster, anglais P. S.; sa mère, par Shaklawie Amdam, arabe
P. S. = Sa grand'mère, par Ourfaly, arabe P. S.

1851. B. F. *Almée*, par Rajah, ar. P. S.

GAZELLE (desc. an. ar.).

M. Soulé, à Tarbes.

B. Née en 1846, à Laloubère. — Son père Emilio, anglo-arabe
P. S.; sa mère, par Camash, arabe P. S. = Sa grand'mère,
par Circassien, arabe P. S.

1851. B. F. *Bluette*, par Hlavie, ar. P. S.

GIZELLE (desc. an. ar.).

M. Abadie, à Saint-Martin.

G. Née en 1846, chez M. Abadie, à Saint-Martin. — Son père,
Emilio, anglo-arabe P. S.; sa mère, par Chilpéric, demi-
sang arabe. = Sa grand'mère, par Ourfaly, arabe P. S. —
Sa bisaïeule, par Circassien, arabe P. S.

1851. B. M. *Bastourat*, par Tiburce, an. ar. P. S.

GRACIEUSE (desc. an. ar.).

M. Menou, à Trébons.

B. Née en 1844, chez M. Menou, à Trébons. — Son père, LITTLE ROVER, anglais P. S.; sa mère, par MAJESTUEUX, arabe P. S. = Sa grand'mère, par CIRCASSIEN, arabe P. S.

1849. G. M. *Major*, par Chaban, ar. P. S.
1850. G. M. *Minor*, par Chaban, ar. P. S.

GRANDIOSE (desc. an. ar.).

M. Laborde, à Aureilhan.

G. Née en 1842, chez M. Laborde, à Laloubère. — Son père, WINDCLIFFE, anglais P. S.; sa mère, par ROWLSTON, anglais P. S. = Sa grand'mère, par EUPHRATE, arabe P. S.

1850. G. F. *Clara*, par Darfour, 1/2 sang ar.

GRAZIELLA (desc. an. ar.).

M. Menou, à Trébons.

B. Née en 1848, chez M. Menou, à Trébons. — Son père, As-sassin, anglais P. S.; sa mère, par LITTLE ROVER, anglais P. S. = Sa grand'mère, par MAJESTUEUX, arabe P. S. — Sa bisaïeule, par CIRCASSIEN, arabe P. S.

GRISETTE (desc. an. ar.).

M. Abadie, à Saint-Martin.

G. Née en 1846, chez M. Abadie, à Saint-Martin. — Son père, EMILIO, anglo-arabe P. S.; sa mère, par CHILPÉRIC, demi-sang arabe. = Sa grand'mère, par OURFALY, arabe P. S. — Sa bisaïeule, par CIRCASSIEN, arabe P. S.

1851. B. M. *Berger*, par Tiburce, an. ar. P. S.

GRISI (desc. an. ar.).

M. Jean-Marie Dutrouilh, à Salles-Adour.

G. Née en 1848, chez M. Dutrouilh, à Salles-Adour. — Son père, Tachiani, arabe P. S.; sa mère, par Little Rover, anglais P. S. = Sa grand'mère, par Rowlston, anglais P. S. — Sa bisaïeule, par Capudan Pacha, demi-sang arabe.

GRIZIA (desc. an. ar.).

M. Berrens, à Horgues.

G. Née en 1841, chez M. Berrens, à Horgues. — Son père, El Redavy, arabe P. S.; sa mère, par Robin, demi-sang arabe. = Sa grand'mère, par Bai-Brun, demi-sang anglais. — Sa bisaïeule, par Sultan, demi-sang arabe.

1851. *Sultana*, par Rajah, ar. P. S.

GUEZ-HALAH (desc. an. ar.).

M. Pouey, à Sarouilles.

B. Née en 1847, chez M. Pouey, à Sarouilles. — Son père, Emilio, anglo-arabe P. S.; sa mère, par Dardanus, anglais P. S. = Sa grand'mère, par Beni, arabe P. S.

1851. B. M. *Salhem*, par Hlavie, ar. P. S.

HAMDAMINE (desc. an. ar.).

M. Dutrouilh, à Salles-Adour.

G. Née en 1845, chez M. Dutrouilh, à Salles-Adour. — Son père, Koheil Hamdani, arabe P. S.; sa mère, par Spy, anglais P. S. = Sa grand'mère, par Diezzard, arabe P. S.

1849. G. F. *Scavengerine*, par The Scavenger, an. P. S.
1850. G. M. *Jaguar*, par Abian, ar. P. S.
1851. G. F. *Sylvanie*, par Mansourah, ar. P. S.

HAMDANIA (desc. an. ar.).

M. Mallet-Alie, à Bernac-Debat.

G. Née en 1848, chez M. Paulette, à Laloubère. — Son père, Koheil Hamdani, arabe P. S.; sa mère, par Allington, anglais P. S. = Sa grand'mère, par Ourfaly, arabe P. S.

HAMDANIE (desc. an. ar.).

M. Pène, à Salles-Adour.

G. Née en 1847, chez M. Pène, à Salles-Adour. — Son père, Koheil Hamdani, arabe P. S.; sa mère, par Frogmore, anglais P. S. = Sa grand'mère, par Euphrate, arabe P. S. — Sa bisaïeule, par Mahomet, arabe P. S.

HAMELINE (desc. an. ar.).

M. Portes, à Auzon.

Al. Née en 1846, chez M. Portes, à Auzon. — Son père, Patrocle, anglo-arabe P. S.; sa mère, par Rowlston, anglais, P. S. = Sa grand'mère, par Hamlet, anglais P. S.

1850. Al. M. *Little Boë*, par Little Rover, an. P. S.

HARBINE (desc. ar.).

M. Marcassus-Pey, à Salles-Adour.

Al. Née en 1844, chez M. Marcassus-Pey, à Salles-Adour. — Son père, Koheil Hamdani Harbi, arabe P. S.; sa mère, par Shaklawie Amdam, arabe P. S. = Sa grand'mère, par Lion, arabe P. S.

1850. G. M. *Kohelan*, par Koheil Hamdani, ar. P. S.
1851. B. M. *Hercule*, par Y. Emilius, an. P. S.

HARMADA (desc. an. ar.).

M. Doléac-Bitra, à Aureilhan.

B. Née en 1846, chez M. Doléac-Bitra, à Aureilhan. — Son père, PAILLASSE, anglais P. S.; sa mère, par SHAKLAWIE AM-DAM, arabe P. S. = Sa grand'mère, par CAMASH, arabe P. S.

1850. B. M. *Lionel*, par Chaban, ar. P. S.

HARMONIE (desc. ar.).

M. Artiguenave, à Aureilhan.

G. Née en 1837, chez M. Artiguenave, à Aureilhan. — Son père, SHAKLAWIE AMDAM, arabe P. S.; sa mère, par CAMASH, arabe P. S.=Sa grand'mère, par CHOUEÏMAN, arabe P. S. Sa bisaïeule, par PTOLOMÉE, arabe P. S.

1849. B. F. *Gulistane*, par Mansourah, ar. P. S.
1851. Al. M. *Ali Aga*, par Rajah, ar. P. S.

HIRONDELLE (desc. an. ar.).

M. Bruno, à Barbazan-Debat.

G. Née en 1830, chez M. Bruno, à Barbazan-Debat. — Son père, SPY, anglais P. S.; sa mère, par ATTITAT jeune, demi-sang anglais. = Sa grand'mère, par CIRCASSIEN, arabe P. S. — Sa bisaïeule, par MAJESTUEUX, arabe P. S.

HLAVIA (desc. an. ar.).

M. Dutrouilh, à Salles-Adour.

B. Née en 1844, chez M. Dutrouilh, à Salles-Adour. — Son père, HLAVIE, arabe P. S.; sa mère, par SPY, anglais P. S. = Sa grand'mère, par HEZZARD, arabe P. S.

1848. B. F. *Propice*, par Prospectus, an. P. S.

1849. B. F. *Nautila,* par Nautilus, an. P. S.
850. B. F. *Pénélope,* par Emilio, an. ar. P. S.
1851. B. F. *Cédule,* par Y. Emilius, an. P. S.

HOLLANDA (desc. an. ar.).

M. Bruno, à Barbazan-Debat.

G. Née en 1848, chez M. Bruno, à Barbazan-Debat. — Son
père, SLANE, anglais P. S.; sa mère, par SPY, anglais P. S.
= Sa grand'mère, par ATTITAT jeune, demi-sang anglais.
— Sa bisaïeule, par CIRCASSIEN, arabe P. S. — Sa trisaïeule,
par MAJESTUEUX, arabe P. S.

HOMERA (desc. ar.).

M. Duboë, à Aurensan.

G. Née en 1843, chez M. Duboë, à Aurensan. — Son père,
HOMÈRE, arabe P. S.; sa mère, par CHOUEÏMAN, arabe P. S.
= Sa grand'mère, par CIRCASSIEN, arabe P. S. — Sa bis-
aïeule, par SHAMY, arabe P. S.

1850. G. M. *Bobo,* par Abian, ar. P. S.

HOMÉRINE (desc. an. ar.).

M. Pérès-Héraut, à Laloubère.

B. Née en 1847, chez M. Pérès-Héraut, à Laloubère. — Son
père, HOMÈRE, arabe P. S.; sa mère, par ROWLSTON, anglais
P. S. = Sa grand'mère, par EMIR, demi-sang arabe. — Sa
bisaïeule, par SCHEIK, arabe P. S. — Sa trisaïeule, par CA-
PATAZ, demi-sang arabe.

1851. G. F. *Pallas,* par Palagram. an. ar. P. S.

JACINTHE (desc. an. ar.).

M. Bajet, à Louey.

B. Née en 1845, chez M. Bajet, à Louey. — Son père, KOHEIL
HABBAS, arabe P. S.; sa mère, par MASSOUD, arabe P. S. =
Sa grand'mère, par BAI BRUN, demi-sang anglais. — Sa bis-
aïeule, par NÉRON, demi-sang anglais. — Sa trisaïeule, par
HÉRAC, arabe P. S.

1851. G. F. *Corrèze*, par Uzerche, ar. P. S.

JACQUETTE (desc. an. ar.).

M. Lamarque, à Sarouilles.

G. Née en 1842, chez M. Lamarque, à Sarouilles. — Son père,
MANSOURAH, arabe P. S.; sa mère, par ALLINGTON, anglais
P. S. = Sa grand'mère, par IPSILANTI, anglais P. S. — Sa
bisaïeule, par HADDEÏDI, arabe P. S.

JALOUSE (desc. an. ar.).

M. Baget-Esquivan, à Juillan.

G. Née en 1845, chez M. Baget-Esquivan, à Juillan. — Son
père, KOHEIL HAMDANI, arabe P. S.; sa mère, par EL BEDAVY,
arabe P. S. = Sa grand'mère, par CALIF, anglo-arabe P. S.
— Sa bisaïeule, par ATTITAT jeune, demi-sang anglais.

1850. Al. M. *Trocadero*, par Abian, ar. P. S.

JAVELLE (desc. an. ar.).

Madame veuve Palussan, à Horgues.

G. Née en 1844, chez M. Palussan, à Horgues. — Son père,
ELIUM, arabe P. S.; sa mère, par ALLINGTON, anglais P. S.
= Sa grand'mère, par TAMERLAN, arabe P. S. — Sa bisaïeule,
par ACTIF, arabe P. S.

JEUNESSE (desc. ar.).

M. Cazaubon, à Ost.

G. Née en 1842, chez M. Lacoume, à Horgues. — Son père, CHABAN, arabe P. S.; sa mère, par CAMASH, arabe P. S. = Sa grand'mère, par SHAMY, arabe P. S. — Sa bisaïeule, par EUPHRATE, arabe P. S.

1850. B. M. *Chasseur*, par Prospectus, an. P. S.

JONGLEUSE (desc. an. ar.).

M. Capdevielle-Lacaze, à Aspin.

B. Née en 1840, chez M. Capdevielle-Lacaze, à Aspin.—Son père, EPROUVÉ, anglo-arabe P. S.; sa mère, par PARTISAN, anglo-arabe P. S. = Sa grand'mère, par IPSILANTI, anglais P. S.

1851. Al. M. *Pellico*, par Prospectus, an. P. S.

JUDITH (desc. an. ar.).

M. Duboë-Pujole, à Trébons.

G. Née en 1845, chez M. Duboë-Pujole, à Trébons. — Son père, KOHEIL HAMDANI, arabe P. S.; sa mère, par ROWLSTON, anglais P. S. = Sa grand'mère, par EMIR, demi-sang arabe. — Sa bisaïeule, par PTOLOMÉE, arabe P. S.

1850. Bb. M. *Tardif*, par Edwin, an. P. S.

JULIA (desc. an. ar.).

M. Claverie, à Montgaillard.

Al. née en 1840, chez M. Claverie, à Montgaillard. — Son père, ROWLSTON, anglais P. S.; sa mère, par EMIR, demi-

sang arabe. = Sa grand'mère, par Shamy, arabe P. S. — Sa
bisaïeule, par Hérac, arabe P. S.

1849. B. F. *Hermine*, par Chaban, ar. P. S.

JULIE (desc. an. ar.).

M. Bentayou, à Montgaillard.

G. Née en 1836, chez M. Bentayou, à Montgaillard — Son
père, Ourfaly, arabe P. S.; sa mère, par Homer, anglais
P. S. = Sa grand'mère, par Actif, arabe P. S.

1849. G. M. *Fanfaron*, par Assassin, an. P. S.

JULIETTE (desc. an. ar.).

M. Dastugues, à Bernac-Debat.

B. Née en 1847, chez M. Dastugues, à Bernac-Debat. — Son
père, Patrocle, anglo-arabe P. S.; sa mère, par Little Rover, anglais P. S.=Sa grand'mère, par Y. Grosvenor, demi-
sang anglais. Sa bisaïeule, par Ptolomée, arabe P. S.

JUNON (desc. an.).

M. Dubarry, à Aurignac.

B. Née en 1844, chez M. Dubarry, à Aurignac. — Son père,
Little Rover, anglais P. S.; sa mère, par Rowlston, anglais
P. S. = Sa grand'mère, par Ipsilanti, anglais P. S.

JUSTINETTE (desc. an. ar.).

M. André Soubies, à Montgaillard.

Al. Née en 1847, chez M. André Soubies, à Montgaillard.
— Son père, Little Rover, anglais P. S.; sa mère, par Homer, anglais P. S. = Sa grand'mère, par Actif, arabe P. S.

LADY (desc. an. ar.).

M. Carrère, à Hèches.

B. Née en 1847, chez M. Carrère, à Hèches. — Son père, MINSTER, anglais P. S.; sa mère, par CAMASH, arabe P. S. = Sa grand'mère, par CHOUEÏMAN, arabe P. S. — Sa bisaïeule, par DIEZZARD, arabe P. S.

1851. B. M. *Marathon*, par Emilio, an. ar. P. S.

LANDA (desc. an. ar.).

M. Caparroi, à Laloubère.

B. Née en 1848, chez M. Caparroi, à Laloubère. — Son père, SLANE, anglais P. S.; sa mère, par MANSOURAH, arabe P. S. = Sa grand'mère, par FOSCARINI, anglais P. S. — Sa bisaïeule, par OURFALY, arabe P. S. — Sa trisaïeule, par NÉRON, demi-sang anglais.

LAURA (desc. an. ar.).

M. Laborde, à Aureilhan.

G. Née en 1839, chez M. Laborde, à Aureilhan. — Son père, LITTLE ROVER, anglais, P. S.; sa mère, par PAULUS, anglais P. S. = Sa grand'mère, par DIEZZARD, arabe P. S.

1849. Bb. F. *Clarisse*, par Nautilus, an. P. S.
1850. G. F. *Saveur*, par Morok, an. P. S.

LAURETTA (desc. an. ar.).

M. Dencausse, à Soues.

Al. Née en 1839, chez M. Dencausse, à Soues. — Son père, TIM, anglais P. S ; sa mère, par ATTITAT vieux, demi-sang anglais. = Sa grand'mère, par DIEZZARD, arabe P. S. — Sa bisaïeule, par MAHOMET, arabe P. S.

1849. B. M. *Boïador*, par Worthless, an. P. S.

LÉNA (desc. an. ar.).

M. Duboë, à Aurensan.

B. Née en 1845, chez M. Duboë, à Aurensan. — Son père, MANSOURAH, arabe P. S.; sa mère, par SHAKLAWIE AMDAM, arabe P. S. = Sa grand'mère, par CIRCASSIEN, arabe P. S. — Sa bisaïeule, par MILORD, demi-sang anglais.

1851. B. M. *Hongrois*, par Hlavie, ar. P. S.

LÉONIDE (desc. an. ar.).

M. Lapierre, à Soues.

B. Née en 1847, chez M. Lapierre, à Soues. — Son père, EMILIO, anglo-arabe, P. S., sa mère, par CAPUDAN PACHA, demi-sang arabe = Sa grand'mère, par SHAMY, arabe P. S. — Sa bisaïeule, par ACTIF, arabe P. S.

LIBERTÉ (desc. an. ar.).

M. Lestelle, à Escondaux.

B. Née en 1842, chez M. Lestelle, à Escondaux. — Son père, PETER LIBERTY, anglais P. S.; sa mère, par OURFALY, arabe P. S. = Sa grand'mère, par BATANÉ, demi-sang arabe. — Sa bisaïeule, par MAHOMET, arabe P. S.

1849. B. F. *Lodoïska*, par Minster, an. P. S., ou Emillo, an. ar. P. S.
1850. G. M. *Pacha*, par Abian, ar. P. S.

LIBERTINE (desc. an. ar.).

M. Pouey, à Tarbes.

Al. Née en 1834, chez M. Pouey, à Tarbes. — Son père, PETER LIBERTY, anglais P. S.; sa mère, par SHAMY, arabe P. S. = Sa grand'mère, par DIEZZARD, arabe P. S.

1849. G. F. *Lina*, par Koheil Hamdani, ar. P. S.
1850. Al. M. *Romulus*, par Fitz Emilius, an. P. S.
1851. Al. F. *Boulangère*, par Y. Emilius, an. P. S.

LILAS (desc. an. ar.).

M. Péré-Minjinon, à Arsizac-Adour.

Al. Née en 1841 chez M. Péré-Minjinon, à Arsizac-Adour. — Son père, LITTLE ROVER, anglais P. S.; sa mère, par OURFALY, arabe P. S. == Sa grand'mère, par PTOLOMÉE, arabe P. S. — Sa bisaïeule, par BATANÉ, demi-sang arabe.

1848. G. F. *Fadaise*, par Koheil Hamdani, ar. P. S.
1850. G. M. *Ader*, par Koheil Hamdani, ar. P. S.
1851. Al. F. *Conquête*, par Rajah, ar. P. S.

LILLE (desc. an. ar.).

M. Dinguirard, à Aureilhan.

G. Née en 1838, chez M. Dinguirard, à Aureilhan. — Son père, LITTLE ROVER, anglais P. S.; sa mère, par OURFALY, arabe P. S. == Sa grand-mère, par TAMERLAN, arabe P. S. — Sa bisaïeule, demi-sang arabe, par BATANÉ. — Sa trisaïeule, par MAHOMET, arabe P. S.

1848. Al. M. *Bou Maza*, par Patrocle, an. ar. P. S.
1850. G. M. *Edgar*, par Fitz Emilius, an. P. S.
1851. Al. F. *Fatima*, par Rajah, ar. P. S.

LILLY (desc. an. ar.).

M. Dantin, à Aureilhan.

Al. Née en 1841, chez M. Dantin, à Aureilhan. — Son père, LITTLE ROVER, anglais P. S.; sa mère, par OURFALY, arabe P. S.; == Sa grand'mère, par PAPILLON, demi-sang arabe. — Sa bisaïeule, par HAMLET, anglais P. S.

1850. Al F. *Camomille*, par Emilio, an. ar. P. S.
1851. Al. F. *Margot*, par Mansourah, ar. P. S.

LIMA (desc. an. ar.)

M. Carrère-Grillès, à Tarbes.

G. Née en 1840, chez **M.** Carrère-Grillès, à Tarbes. — Son père, Rowlston, anglais P. S.; sa mère, par Spy, anglais P. S. = Sa grand'mère, par Algérien, arabe P. S.

1851. B. M. *Poisson d'Avril*, par Premier-Août, an. P. S.

LIONNE (desc. ar.).

M. Davezac, à Horgues.

G. Née en 1837, chez **M.** Davezac, à Horgues.—Son père, Lion, arabe P. S.; sa mère, par Camash, arabe P. S. = Sa grand'-mère, par Diezzard, arabe P. S.

1849. G. M. *Magot*, par Jabel, demi-sang ar.

LISETTE (desc. an. ar.).

M. Claverie, à Pouzac.

G. Née en 1847, chez **M.** Claverie, à Pouzac. — Son père, Little Rover, anglais P. S.; sa mère, par Camash, arabe P. S. = Sa grand'mère, par Néron, demi-sang anglais.

LOELIA (desc. an. ar.).

M. Dalié, à Laloubère.

B. Née en 1838, chez **M.** Dalié, à Laloubère. — Son père, Little Rover, anglais P. S.; sa mère, par Y. Grosvenor, demi-sang anglais. = Sa grand'mère, par Ptolomée, arabe P. S.

LOLA (desc. an. ar.).

M. Laporte, à Soues.

G. Née en 1839, chez M. Laporte, à Soues.—Son père, Rowlston, anglais P. S.; sa mère, par Circassien, arabe P. S. =
Sa grand'mère, par Diezzard, arabe P. S.

1849. G. F. *Gentillesse*, par Tachiani, ar. P. S.
1850. G. F. *Blanchette*, par Darfour, demi-sang ar.
1851. Al. M. *Cloris*, par Rajah, ar. P. S.

LOLOTTE (desc. an. ar.).

M. Capdegelle, à Ordizan.

Al. Née en 1845, chez M. Capdegelle, à Ordizan.—Son père,
Little Rover, anglais P. S.; sa mère, par Vadné, arabe P. S.
= Sa grand'mère, par Warkworth, anglais P. S. — Sa bis-
aïeule, par Tamerlan, arabe P. S.

1849. Al. F. *Bouton d'Or*, par Chaban, ar. P. S.
1851. G. M. *Julien*, par Koheil Hamdani, ar. P. S.

LORETTE (desc. an. ar.).

M. Carrère, à Bagnères.

Al. Née en 1851, chez M. Sarcia, à Montgaillard. — Son père,
Peter Liberty, anglais P. S.; sa mère, par Hérac, arabe
P. S. = Sa grand'mère, par Ptolomée, arabe P. S.

1849. B. F. *Cœcilia*, par Ali Baba, an. P. S.

LOUISE (desc. an. ar.).

M. Bayle-Pajinot, à Laloubère.

G. Née en 1857, chez M. Bayle-Pajinot, à Laloubère. — Son
père, Camash, arabe P. S.; sa mère, par Frogmore, anglais

P. S. = Sa grand'mère, par Circassien, arabe P. S. — Sa bisaïeule, par Batané, demi-sang arabe.

1846. G. M. *Lutin*, par Koheil Hamdani, ar. P. S.
1849. B. F. *Manlia*, par Emilio, an. ar. P. S.
1851. G. M. *Royal*, par Raj h, ar. P. S.

LOUISON (desc. an. ar.)

M. Gros-Mouret, à Campan.

Bb. Née en 1846, chez M. Gros-Mouret, à Campan. — Son père, Little Rover, anglais P. S.; sa mère, par Jason, anglais P. S. = Sa grand'mère, par Majestueux, arabe P. S.

LUCETTE (desc. an. ar.).

M. Jean-Marie Dutrouilh, à Salles-Adour.

B. Née en 1843, chez M. Dutrouilh, à Salles-Adour. — Son père, Little Rover, anglais P. S.; sa mère, par Rowlston, anglais P. S. = Sa grand'mère, par Capudan Pacha, demi-sang arabe. — Sa bisaïeule, par Actif, arabe P. S.

1850. B. M. *Lélio*, par Worthless, an. P. S.
1851. B. M. *Némorin*, par Rajah, ar. P. S.

LUCIA (desc. an. ar.).

M. Pujo-Capet, à Lugagnan.

Bb. Née en 1836, chez M. Deffis, à Momères. — Son père, Spy, anglais P. S.; sa mère, par Shamy, arabe P. S. = Sa grand'mère, par Euphrate, arabe P. S.

LUNETTE (desc. an. ar.).

M. Laporte, à Andrest.

Al. Née en 1846, chez M. Laporte, à Andrest. — Son père,

ABIAN, arabe P. S.; sa mère, par PETER LIBERTY, anglais P. S.
= Sa grand'mère, par HÉRAC, arabe P. S.

LUTECIA (desc. an. ar.).

M. Lalanne, à Trébons.

B. Née en 1847, chez M. Lalanne, à Trébons. — Son père,
LITTLE ROVER, anglais P. S.; sa mère, par MAJESTUEUX, arabe
P. S. = Sa grand'mère, par EUPHRATE, arabe P. S. — Sa bis-
aïeule, par PTOLOMÉE, arabe P. S.

1850. Al. F. *Martinette*, par Assassin, an. P. S.

MAËSTRA (desc. an. ar.).

M. Sarthou-Galentou, à Andrest.

Al. Née en 1847, chez M. Sarthou-Galentou, à Andrest. — Son
père, MINSTER, anglais P. S.; sa mère, par CALIF, anglo-
arabe P. S. = Sa grand'mère, par OURFALY, arabe P. S. —
Sa bisaïeule, par ENAMEL, anglais P. S.

1851. G. M. *Palagra*, par Palagram, an. ar. P. S.

MALEKA (desc. ar.).

M. Cénac, à Aureilhan.

Al. Née en 1857, chez M. Cénac, à Aureilhan. — Son père,
SHAKLAWIE AMDAM, arabe P. S.; sa mère, par MAJESTUEUX,
arabe P. S. = Sa grand'mère, par CALVARIO, demi-sang
arabe.

MALVINA (desc. ar.).

M. Daressis-Carrère, à Odos.

G. Née en 1846, chez M. Daressis-Carrère, à Odos. — Son
père, ABIAN, arabe P. S.; sa mère, par EL BEDAVY, arabe P. S.

= Sa grand'mère, par SHAMY, arabe P. S. — Sa bisaïeule,
par TAMERLAN, arabe P. S.

1850. B. M. *Michel*, par Morok, an. P. S.

MANON (desc. an. ar.).

M. Vergez-Sarthou, à Laloubère.

B. Née en 1846, chez M. Vergez-Sarthou, à Laloubère.—Son
père, EMILIO, anglo-arabe P. S., sa mère, par SHAKLAWIE
AMDAM, arabe P. S. = Sa grand'mère, par OURFALY, arabe
P. S.

MANSOURATE (desc. an. ar.).

M. Caparroi, à Laloubère.

G. Née en 1842, chez M. Caparroi, à Laloubère.— Son père,
MANSOURAH, arabe P. S.; sa mère, par FOSCARINI, anglais P. S.
= Sa grand'mère, par OURFALY, arabe P. S. — Sa bisaïeule,
par NÉRON, demi-sang anglais.

1849. G. F. *Jabella*, par Jabel, demi-sang ar.
1850. B. F. *Elise*, par Eprouvé, an. P. S.
1851. B. F. *Suzanne*, par Rajah, ar. P. S.

MANSOURINE (desc. ar.)

M. Duhar, à Trébons.

B. Née en 1844, chez M. Duhar, à Trébons.— Son père, MAN-
SOURAH, arabe P. S.; sa mère, par SHAKLAWIE AMDAM, arabe
P. S. = Sa grand'mère, par CIRCASSIEN, arabe P. S.

1849. G. F. *Solimane*, par Soliman, demi-sang ar.
1851. B. F. *Curiosité*, par Emilio. an. ar. P. S.

MARGARITA (desc. ar.).

M. Cazaux, à Saint-Martin.

G. Née en 1836, chez M. Cazaux, à Saint-Martin.— Son père,
OURFALY, arabe P. S.; sa mère, par SHAMY, arabe P. S. =
Sa grand'mère, par SCHEIK, arabe P. S.

1847. G. M. *Mustapha*, par Renonce, an. P. S.
1849. G. F. *Finette*, par Nautilus, an. P. S.
1851. G. F. *Adeline*, par Koheil Hamdani, ar. P. S.

MARGUERITE (desc. an. ar.).

M. Duhar, à Pouzac.

B. Née en 1846, chez M. Duhar, à Pouzac. — Son père, Ko-
HEIL HABBAS, arabe P. S.; sa mère, par PETER LIBERTY, anglais
P. S. = Sa grand'mère, par PTOLOMÉE, arabe P. S.

MARIANNE (desc. an. ar.).

M. Ribes, à Horgues.

G. Née en 1848, chez M. Ribes, à Horgues. — Son père,
MINSTER, anglais P. S.; sa mère, par VADNÉ, arabe P. S. =
Sa grand'mère, par TAMERLAN, arabe P. S.

MASSOUDÉE (desc. an. ar.).

M. Hourtic, à Horgues.

B. Née en 1855, chez M. Hourtic, à Horgues. — Son père,
MASSOUD, arabe P. S.; sa mère, par VIDVID, demi-sang anglais. = Sa grand'mère, par TAMERLAN, arabe P. S.

1847. B. M. *Toreador*, par Assassin, an. P. S.
1851. B. F. *Let'tia*, par Assassin, an. P. S.

MATHILDE (desc. an. ar.).

M. J.-B. Portalet, à Trébons.

G. Née en 1846, chez M. J.-B. Portalet, à Trébons. — Son père, KOHEIL HABBAS, arabe P. S.; sa mère, par ROWLSTON, anglais P. S. = Sa grand'mère, par CAMASH, arabe P. S.— Sa bisaïeule, par CIRCASSIEN, arabe P. S.

1851. B. M. *Zéphir*, par Emilio, an ar. P. S.

MAURINE (desc. an. ar.).

M. Dubarry, à Montgaillard.

Bb. Née en 1843, chez M. Dubarry, à Montgaillard. — Son père, ORTOLAN, demi-sang anglais; sa mère, par SPY, anglais P. S. = Sa grand'mère, par CIRCASSIEN, arabe P. S. — Sa bisaïeule, par PTOLOMÉE, arabe P. S.

MAYNADA (desc. an. ar.).

M. Comte, à Azereix.

Al. Née en 1847, chez M. Comte, à Azereix. — Son père, MINSTER, anglais P. S.; sa mère, par MENDICANT, anglais P. S. = Sa grand'mère, par OURFALY, arabe P. S. — Sa bisaïeule, par RAVISSEUR, demi-sang arabe.— Sa trisaïeule, par HÉRAC, arabe P. S.

1851. Al. M. *Conquérant*, par Chaban, ar. P. S.

MÉDÉE (desc. ar.).

M. Bernichan, à Laloubère.

G. Née en 1844, chez M. Bernichan, à Laloubère.—Son père, KOHEIL HAMDANI, arabe P. S.; sa mère, par CAMASH, arabe

P. S. —- Sa grand'mère, par CHOUEÏMAN, arabe P. S. — Sa
bisaïeule, par DIEZZARD, arabe P. S.

1849. G. F. *Paula*, par Emilio, an. ar. P. S.
1851. G. F. *Précision*, par Illavie, ar. P. S.

MENDICANTE (desc. an. ar.).

M. Comte, à Azereix.

Al. Née en 1840, chez M. Comte, à Azereix. — Son père,
MENDICANT, anglais P. S.; sa mère, par OURFALY, arabe P. S.
= Sa grand'mère, par RAVISSEUR, demi-sang arabe. — Sa
bisaïeule, par HÉRAC, arabe P. S.

1848. Al. M. *Jason*, par Mansourah, ar. P. S.
1850. G. M. *Hamdanio*, par Koheil Hamdani, ar. P. S.
1851. Al. F. *Sorcier*, par Fitz Emilius, an. P. S.

MEURTRIÈRE (desc. an. ar.).

M. Bayle-Pajinot, à Laloubère.

G. Née en 1847, chez M. Bayle-Pajinot, à Laloubère. — Son
père, ASSASSIN, anglais P. S.; sa mère, par CAMASH, arabe
P. S. = Sa grand'mère, par FROGMORE, anglais P. S. — Sa
bisaïeule, par CIRCASSIEN, arabe P. S.

1851. Al. M. *Marabout*, par Rajah, ar. P. S.

MILA (desc. an. ar.).

M. Saint-Martin-Ramonet, à Bernac-Debat.

B. Née en 1848, chez M. Saint-Martin-Ramonet, à Bernac-Debat. — Son père, EMILIO, anglo-arabe P. S.; sa mère, par
OURFALY, arabe P. S. = Sa grand'mère, par NÉRON, demi-
sang anglais.

MILIANA (desc. an. ar.).

M. Bégué, à Laloubère.

G. Née en 1847, chez M. Bégué. à Laloubère. — Son père,
EMILIO, anglo-arabe P. S.; sa mère, par CHABAN, arabe P. S.
= Sa grand'mère, par MASSOUD, arabe P. S.

1851. G. M. *Collégien*, par Rajah, ar. P. S.

MINERVE (desc. an. ar.).

M. Rebeillé, à Arsizac.

Al. Née en 1832, chez M. Cénac, à Laloubère. — Son père,
CAMASH, arabe P. S.; sa mère, par COLIBRI, demi-sang anglais. = Sa grand'mère, par DIEZZARD. arabe P. S. — Sa
bisaïeule, par ACTIF, arabe P. S.

1851. G. F. *Cassandre*, par Uzerche, ar. F. S.

MINETTE (desc. an. ar.).

M. Dastugues, à Bernac-Dessus.'

Al. Née en 1844, chez M. Dastugues, à Bernac-Dessus.—Son
père, BENI, arabe P. S.; sa mère, par CAMASH, arabe P. S.
= Sa grand'mère, par BAI BRUN, demi-sang anglais. — Sa
bisaïeule, par NÉRON, demi-sang anglais.

MINIATURE (desc. an. ar.).

M Comte, à Azereix.

Al. Née en 1847, chez M. Comte, à Azereix. — Son père,
MINSTER, anglais P. S.; sa mère, par MENDICANT, anglais P. S.
= Sa grand'mère, par OURFALY, arabe P. S. — Sa bisaïeule,
par SCHEIK. arabe P. S.

MINIME (desc. ar.).

M. Toïbié, à Cieutat.

Al. Née en 1843, chez M. Toïbié, à Cieutat. — Son père, Bimini, demi-sang arabe ; sa mère, par Vadné, arabe P. S. =
Sa grand'mère, par Circassien, arabe P. S. — Sa bisaïeule,
par Diezzard, arabe P. S.

1848. G. M. *Aventurier*, par Treïfi, ar. P. S.

MINISTRA (desc. an. ar.).

M. Boyer, à Laloubère.

B. Née en 1847, chez M. Boyer, à Laloubère. — Son père,
Minster, anglais P. S.; sa mère, par Spy, anglais P. S. =
Sa grand'mère, par Shamy, arabe P. S.

1851. B. F. *Fenella*, par Rajah, ar. P. S.

MINISTRESSE (desc. an. ar.).

M. Lestelle, à Escondaux.

B. Née en 1847, chez M. Lestelle, à Escondaux. — Son père,
Minster, anglais P. S.; sa mère, par Peter Liberty, anglais
P. S. = Sa grand'mère, par Ourfaly, arabe P. S. — Sa bis-
aïeule, par Batané, demi-sang arabe. — Sa trisaïeule, par
Mahomet, arabe P. S.

MIROIR (desc. an. ar.).

M. Davedeille, à Salles-Adour.

B. Née en 1848, chez M. Davedeille, à Salles-Adour. — Son
père, Treïfi, arabe P. S.; sa mère, par Spy, anglais P. S.
= Sa grand'mère, par Ptolomée, arabe P. S.

MIRZA (desc. an. ar.).

M. Fourcade cadet, à Salles-Adour.

Al. Née en 1841, chez M. Fourcade cadet, à Salles-Adour.—
Son père, un fils de CIRCASSIEN, demi-sang arabe; sa mère,
par OCRFALY, arabe P. S. = Sa grand'mère, par ENAMEL, anglais P. S. — Sa bisaïeule, par PTOLOMÉE, arabe P. S.

1851. Al. F. *Agrippine*, par Hlavie, ar. P. S.

MONACHA (desc. an. ar.).

M. Jounca-Haouré, à Bernac-Debat.

G. Née en 1843, chez M. Jounca-Haouré. à Bernac-Debat. —
Son père, ROWLSTON, anglais P. S.; sa mère. par YOUSSOUF,
arabe P. S. = Sa grand'mère, par NÉRON, demi-sang anglais.

1849. G. M. *Baluk*, par Mansourah, ar. P. S.

MOUCHE (desc. ar.).

M. Sauvagnet, à Ibos.

G. Née en 1844, chez M. Sauvagnet, à Ibos. — Son père, Ko-
HEIL HAMDAM, arabe P. S.; sa mère, par TAMERLAN, arabe P. S.
= Sa grand'mère. par ACTIF, arabe P. S.

1850. G. M. *Sautereau*, par Palagram, an. ar. P. S.
1851. B. F. *Intrépide*, par Mansourah, ar. P. S.

MOUNA (desc. an. ar.).

M. Dupont, à Aureilhan.

Al. Née en 1845. chez M. Dupont. à Aureilhan. — Son père,
BENI. arabe P. S.; sa mère, par OCRFALY. arabe P. S. = Sa

grand'mère, par Baï Brun, demi-sang anglais. — Sa bisaïeule, par Néron, demi-sang anglais.

1849. B. M. *Farouch*, par Patrocle, an. ar. P. S.
1850. B. F. *Laure*, par Premier-Août, an. P. S.
1851. Al. F. *Nathalie*, par Rajah, ar. P. S.

MUSE (desc. an. ar.).

M. Bordenave, à Argelès.

Bb. Née en 1844, chez M. Bordenave, à Argelès.— Son père,
Amédée, demi-sang arabe ; sa mère, par Sophy, demi-sang
arabe. = Sa grand'mère, par Ipsilanti, anglais P. S. — Sa
bisaïeule, par Actif, arabe P. S. — Sa trisaïeule, par Batané, demi-sang arabe. — Sa quadrisaïeule, par Mahomet,
arabe P. S.

1850. B. M. *Courtisan*, par Prospectus, an. P. S.

NADARINE (desc. ar.).

M. Courtade, à Saint-Martin.

G. Née en 1845, chez M. Cazaux, à Saint-Martin. — Son père,
Nadar, arabe P. S. ; sa mère, par Ourraly, arabe P. S.=Sa
grand'mère, par Shamy, arabe P. S. — Sa bisaïeule, par
Scheik, arabe P. S.

1851. G. F. *Teresa*, par Tiburce, an. ar. P. S.

NADGY (desc. an. ar.).

M. Brauhauban, à Tarbes.

G. Née en 1845, chez M. Buron, à Salles-Adour. — Son père,
Chaban, arabe P. S. ; sa mère, par Rowlston, anglais P. S.
= Sa grand'mère, par Camash, arabe P. S. — Sa bisaïeule,
par Diezzard, arabe P. S.

1850. G. F. *Lucrèce*, par Abian, ar. P. S.

NAIADE (desc. an. ar.).

M. Vincent, à Laloubère.

G. Née en 1845, chez M. Vincent, cadet, à Horgues.— Son père, VENDREDI, anglais P. S.; sa mère, par CAMASH, arabe P. S. = Sa grand'mère, par ENAMEL, anglais P. S.

1851. G. M. *Vicentino*, par Uzerche, ar. P. S.

NAUTILIANA (desc. an. ar.).

M. Grazide, à Bazet.

Bb. Née en 1847, chez M. Grazide, à Bazet. — Son père, NAUTILUS, anglais P. S.; sa mère, par SPY, anglais P. S. = Sa grand'mère, par MAJESTUEUX, arabe P. S. — Sa bisaïeule, par CIRCASSIEN, arabe P. S.

1851. B. M. *Victor*, par Fitz Emilius, an. P. S.

NAZARETH (desc. ar.).

M. Cazenave-Petiré, à Horgues.

G. Née en 1844, chez M. Cazenave-Petiré, à Horgues. — Son père, KOHEIL OBAYAN SEDEREÏ, arabe P. S.; sa mère, par TAMERLAN, arabe P. S.= Sa grand'mère, par ACTIF, arabe P. S.

1851. B. M. *Effronté*, par Edwin, an. P. S.

NÉRINE (desc. an. ar.).

M. Bordis, à Barbazan-Debat.

B. Née en 1845, chez M. Bordis, à Barbazan-Debat. — Son père, NAUTILUS, anglais P. S.; sa mère, par SPY, anglais P. S. = Sa grand'mère, par SHAMY, arabe P. S. — Sa bisaïeule, par EUPHRATE, arabe P. S.

1850. B. M. *Lupus*, par Morok, an. P. S.

NÉRONE (desc. an. ar.).

M. Abadie, à Hiis.

Al. Née en 1856, chez M. Abadie, à Hiis. — Son père, Camash, arabe P. S.: sa mère, par Favourite, demi-sang anglais. = Sa grand'mère, par Néron, demi-sang anglais.

1848. B. F. *Prosperity*, par Prospectus, an. P. S.
1849. B. F. *Little Bona*, par Little Rover, an. P. S.
1850. G. F. *Oaking*, par Edwin, an. P. S.

NINA (disc. an. ar.).

M. Mailhos, à Horgues.

G. Née en 1848, chez M. Mailhos, à Horgues. — Son père,
Emilio, anglo-arabe P. S.; sa mère, par El Rim, arabe P. S.
= Sa grand'mère, par Allington, anglais P. S.

NINETTE (desc. an. ar.).

M. Duboë-Laurence, à Bordères.

B. Née en 1847, chez M. Dizac, à Tarbes. — Son père, Minster, anglais P. S.; sa mère, par El Bedavy, arabe P. S. =
Sa grand'mère, par Ourfaly, arabe P. S. — Sa bisaïeule,
par Tamerlan, arabe P. S.

1851. G. M. *Cicéron*, par Treïfi, ar. P. S.

NINON (desc. an. ar.).

M. Lagrave, à Laloubère.

B. Née en 1846, chez M. Lagrave, à Laloubère. — Son père,
Emilio, anglo-arabe P. S.; sa mère, par Bai-Brun, demi-sang
anglais. = Sa grand'mère, par Néron, demi-sang anglais.
— Sa bisaïeule, par Diezzard, arabe P. S.

1850. B. F. *Julienne*, par Worthless, an. P. S.
1851. G. F. *Marceline*, par Rajah, ar. P. S.

NOISETTE (desc. an. ar.).

M. Lagrave, à Laloubère.

G. Née en 1840, chez M. Lagrave, à Laloubère. — Son père, Rowlston, anglais P. S.; sa mère, par Bai Brun, demi-sang anglais. = Sa grand'mère, par Néron, demi-sang anglais. — Sa bisaïeule, par Diezzard, arabe P. S.

NOTICIA (desc. an.).

M. Rousse, à Bagnères.

B. Née en 1840, chez M. Carrère, à Soues. — Son père, Novelist, anglais P. S.; sa mère, par Frogmore, anglais P. S. = Sa grand'mère, par Néron, demi-sang anglais.

1850. B. M. *Coquin*, par Fitz Emilius, an. P. S.

OBÉISSANTE (desc. an. ar.).

M. Laporte, à Andrest.

Al. Née en 1833, chez M. Laporte, à Andrest. — Son père, Peter Liberty, anglais P. S.; sa mère, par Shamy, arabe P. S. = Sa grand'mère, par Ptolomée, arabe P. S.

1848. B. F. *Douceur*, par Mansourah, ar. P. S.
1849. B. M. *Saladin*, par Tachiani, ar. P. S.
1851. Al. F. *Ophélia*, par Premier-Août, an. P. S.

OBLIGEANTE (desc. ar.).

M. Nograbat, à Saint-Pastous.

G. Née en 1838, chez M. Sempé, à Bazet. — Son père, Camash, arabe P. S.; sa mère, par Shamy, arabe P. S. = Sa grand'mère, par Choueïman, arabe P. S. — Sa bisaïeule, par Mahomet, arabe P. S.

1848. G. F. *Manille*, par Mansourah, ar. P. S.
1849. Al. F. *Annunciata*, par Renonce, an. P. S.

OF FILLY (desc. an. ar.).

M. Taressan, à Beaudéan.

G. Née en 1837, chez M. Sansoulet, à Laloubère. — Son père,
OURFALY, arabe P. S.; sa mère, par PETER LIBERTY, anglais
P. S. = Sa grand'mère, par HÉRAC, arabe P. S.

1849. G. F. *Chatte*, par Chaban, ar. P. S.
1850. G. F. *Tradita*, par Treïfi, ar. P. S.
1851. B. M. *Elixir*, par Emilio, an. ar. P. S.

OLGA (desc. ar.).

M. Brauhauban, à Tarbes.

G. Née en 1847, chez M. Buron, à Salles-Adour. — Son père,
KOHEIL HAMDANI, arabe P. S.; sa mère, par CAMASH, arabe
P. S. = Sa grand'mère, par DIEZZARD, arabe P. S.

1851. B. F. *Papillotte*, par Fitz Emilius, an. P. S.

OLINDA (desc. an. ar.).

M. Bajet, à Louey.

B. Née en 1835, chez M. Bajet, à Louey. — Son père, MAS-
SOUD, arabe P. S.; sa mère, par BAI BRUN, demi-sang an-
glais. = Sa grand'mère, par NÉRON, demi-sang anglais. —
Sa bisaïeule, par HÉRAC, arabe P. S.

1849. B. M. *Ferdinand*, par Prospectus, an. P. S.
1850. B. M. *Don Carlos*, par Morok, an. P. S.

OLYMPE (desc. an. ar.).

M. Capdevielle-Lacaze, à Aspin.

B. Née en 1847, chez M. Capdevielle-Lacaze, à Aspin. — Son
père, CANTON, anglais P. S.; sa mère, par ÉPROUVÉ, anglo-

arabe P. S. = Sa grand'mère, par PARTISAN, anglo-arabe
P. S. — Sa bisaïeule, par IPSILANTI, anglais P. S.

OPULENTE (desc. ar.).

M. Brauhauban, à Tarbes.

B. Née en 1843, chez M. Buron, à Salles-Adour. — Son père,
MUPHTY, arabe P. S.; sa mère, par CAMASH, arabe P. S. =
Sa grand'mère, par DIEZZARD, arabe P. S.

1850. B. M. *Sansonnet*, par Premier-Août, an. P. S.
1851. B. M. *Paturot*, par Premier-Août, an. P. S.

ORPHELINE (desc. an. ar.).

M. Bourdet, à Tarbes.

G. Née en 1844, chez M. Laporte, à Orleix. — Son père, Ko-
HEIL OBAYAN SEDEREÏ, arabe P. S.; sa mère, par CAMASH, arabe
P. S. = Sa grand'mère, par SHAMY, arabe P. S. — Sa bis-
aïeule, par ENAMEL, anglais P. S.

ORVILLINA (desc. an. ar.).

M. Dinguirard, à Aureilhan.

Al. Née en 1846, chez M. Dinguirard, à Aureilhan. — Son
père, MINSTER, anglais P. S.; sa mère, par LITTLE ROVER,
anglais P. S. = Sa grand'mère, par OURFALY, arabe P. S. —
Sa bisaïeule, par TAMERLAN, arabe P. S. — Sa trisaïeule, par
BATANÉ, demi-sang arabe. — Sa quadrisaïeule, par MAHOMET,
arabe P. S.

1850. Al. F. *Eulalie*, par Fitz Emilius, an. P. S.

OUÉDA (desc. an. ar.).

M. Vignaux, à Escalas.

G. Née en 1835, chez M. Vignaux, à Escalas. — Son père,

Oued el Kerma, demi-sang arabe ; sa mère, par Néron, demi-sang anglais.=Sa grand'mère, par Shamy. arabe P. S.

1851. B. F. *Pied Sûr*, par Prospectus, an. P. S.

OURFALIA (desc. ar.).

M. Domec-Castera, à Salles-Adour.

G. Née en 1857, chez M. Domec-Castera, à Salles-Adour. — Son père, Ourfaly, arabe P. S.; sa mère, par Circassien, arabe P. S. = Sa grand'mère, par Tamerlan, arabe P. S.

OURFALINE (desc. ar.).

M. Dinguirard, à Aureilhan.

G. Née en 1853, chez M. Dinguirard, à Aureilhan. — Son père, Ourfaly, arabe P. S.; sa mère, par Tamerlan, arabe P. S. = Sa grand'mère, par Batané, demi-sang arabe. — Sa bisaïeule, par Mahomet, arabe P. S.

1850. G. F. *Alba*, par Darfour, demi-sang ar.

PAQUERETTE (desc. an. ar.).

M. Liby, à Laloubère.

Al. Née en 1857, chez M. Liby, à Laloubère. — Son père, Rowlston, anglais P. S.; sa mère, par Néron, demi-sang anglais. = Sa grand'mère, par Hérac, arabe P. S. — Sa bisaïeule, par Calvario, demi-sang arabe.

PAULINE (desc. an. ar.).

M. Silvestre Galouye, à Antist.

G. Née en 1845, chez M. Galouye, à Antist. — Son père. Soliman, demi-sang arabe; sa mère, par Warkworth, anglais

P. S. = Sa grand'mère, par Tamerlan, arabe P. S. — Sa
bisaïeule, par Néron, demi-sang anglais.

1850. B. M. *Roux*, par Treïfi, ar. P. S.
1851. G. F. *Péché*, par Koheil Hamdani, ar. P. S.

PENSÉE (desc. an. ar.).

M. Maison-Gros, à Sarsan.

G. Née en 1845, chez M. Maison-Gros, à Sarsan. — Son père,
Beni, arabe P. S.; sa mère, par Tim, anglais P. S. = Sa
grand'mère, par Shamy, arabe, arabe P. S. — Sa bisaïeule,
par Euphrate, arabe P. S.

PERLE (desc. an. ar.).

M. Lalanne, à Laloubère.

Al. Née en 1846, chez M. Lalanne, à Laloubère. — Son père,
Paillasse, anglais P. S.; sa mère, par Circassien, arabe P. S.
= Sa grand'mère, par Shamy, arabe P. S.

1850. B. M. *Othello*, par Darfour, demi-sang ar.
1851. G. F. *Marthe*, par Uzerche, ar. P. S. — Morte au lait.

PERRETTE (desc. an. ar.).

M. Bruzeaud, à Montgaillard.

Bb. Née en 1833, chez M. Bruzeaud, à Montgaillard. — Son
père, Spy, anglais P. S.; sa mère, par Euphrate, arabe P. S.
= Sa grand'mère, par Ptolomée, arabe P. S.

1849. G. F. *Albâtre*, par Chaban, ar. P. S.
1850. Bb. M. *Dick*, par Edwin, an. P. S.

PICCOLINA (desc. ar.).

M. Noguez, à Ilis.

Al. Née en 1839, chez M. Dizac, à Tarbes. — Son père, Shaklawie Amdam, arabe P. S.; sa mère, par Ourfaly, arabe P. S.
= Sa grand'mère, par Tamerlan, arabe P. S.

1848. Al. M. *Va Toujours*, par Little Rover, an. P. S.
1849 Al. F. *Aimable*, par Tachiani, ar. P. S.

PINSONNETTE (desc. ar.).

M. Cazabat, à Sarhouilles.

G. Née en 1830, chez M. Gey, à Horgues.—Son père, Camash,
arabe P. S.; sa mère, par Circassien, arabe P. S =Sa grand'-
mère, par Batané, demi-sang arabe.—Sa bisaïeule, par Mahomet, arabe P. S.

1850. B. F. *Caroline*, par Morok, an. P. S.
1851. B. M. *Tibère*, par Y. Emilius, an. P. S.

PIROUETTE (desc. an. ar.).

M. Serp-Galiou, à Cieutat.

G. Née en 1845, chez M. Serp-Galiou, à Cieutat. — Son père,
Little Rover, anglais P. S.; sa mère, par Vadné, arabe
P. S. = Sa grand'mère, par Circassien, arabe P. S.

1851. B. F. *Présence*, par Emilio, an. ar. P. S.

POVERA (desc. an. ar.).

M. Cénac-Lahons, à Laloubère.

Al. Née en 1847, chez M. Cénac-Lahons, à Laloubère. — Son
père, Prospectus, anglais P. S.; sa mère, par Émilio, anglo-
arabe P. S = Sa grand'mère, par Camash, arabe P. S.

PRÊTRESSE (desc. an. ar.).

M. Domec-Dulac, à Visker.

G. Née en 1844, chez M. Domec-Dulac, à Visker. — Son père, MUPHTY, arabe P. S.; sa mère, par SPY, anglais P. S. = Sa grand'mère, par EUPHRATE, arabe P. S.

1850. G. F. *Treïfia*, par Treïfi, ar. P. S.
1851. G. M. *Amdam*, par Koheïl Hamdani, ar. P. S.

PRINCESSE (desc. an. ar.).

M. Anglade, à Boulin.

G. Née en 1839, chez M. Dizac, à Tarbes. — Son père, LITTLE ROVER, anglais P. S.; sa mère, par OURFALY, arabe P. S. = Sa grand'mère, par TAMERLAN, arabe P. S.

PYRRHA (desc. an. ar.)

M. Péré-Minjinon, à Arsizac-Adour.

Al. Née en 1842, chez M. Péré-Minjinon, à Arsizac-Adour, Son père, LITTLE ROVER, anglais P. S.; sa mère, par ROWLSTON, anglais P. S. = Sa grand'mère, par OURFALY, arabe P. S. — Sa bisaïeule, par PTOLOMÉE, arabe P. S. — Sa trisaïeule, par BATANÉ, demi-sang arabe.

1850. G. F. *Mauria*, par Koheïl Hamdani, ar. P. S.
1851. G. F. *Largesse*, par Koheïl Hamdani, ar. P. S.

RACHEL (desc. an. ar.).

M. Dauphole, à Bagnères.

G. Née en 1848, chez M. Dauphole, à Bagnères. — Son père, TACHIANI, arabe P. S.; sa mère, par CAMASH, arabe P. S. =

Sa grand'mère, par ENAMEL, anglais P. S. — Sa bisaïeule, par CIRCASSIEN, arabe P. S.

RÉCLAME (desc. an. ar.).

M. Tapie-Carazet, à Laloubère.

G. Née en 1847, chez M. Tapie-Carazet, à Laloubère, — Son père, PROSPECTUS, anglais P. S.; sa mère, par ROWLSTON, anglais P. S. = Sa grand'mère, par CIRCASSIEN, arabe P. S. — Sa bisaïeule, par SHAMY, arabe P. S.

REDOWA (desc. an. ar.).

M. Darré, à Arsizac-Adour.

B. Née en 1841, chez M. Darré, à Arsizac-Adour. — Son père, ROWLSTON, anglais P. S.; sa mère, par MAJESTUEUX, arabe P. S. = Sa grand'mère, par EUPHRATE, arabe P. S.

RENONCIA (desc. an. ar.).

M. Desclaux, à Horgues.

B. Née en 1846, chez M. Desclaux, à Horgues. — Son père, RENONCE, anglais P. S. — Sa mère, par PETER LIBERTY, anglais P. S. = Sa grand'mère, par ATTITAT vieux, demi-sang anglais. — Sa bisaïeule, par DIEZZARD, arabe P. S.

RENONCULE (desc. an. ar.).

M. Sintilles, à Saint-Martin.

B. Née en 1847, chez M. Sintilles, à Saint-Martin. — Son père, RENONCE, anglais P. S.; sa mère, par LITTLE ROVER, anglais P. S. — Sa grand'mère, par CIRCASSIEN, arabe P. S.

ROBUSTE (desc. an. ar.).

M. Abadie, à Vielle.

Al. Née en 1839, chez M. Abadie, à Vielle. — Son père, LITTLE ROVER, anglais P. S.; sa mère, par FROGMORE, anglais P. S.=Sa grand'mère, par SHAMY, arabe P. S.

1849. G. M. *Piano*, par Soliman, demi-sang ar.
1850. G. M. *Musicien*, par Soliman, demi-sang ar.

ROSA (desc. an. ar.).

M. Lagarde-Boë, à Montgaillard.

Al. Née en 1849, chez M. Lagarde-Boë, à Montgaillard. — Son père, ASSASSIN, anglais P. S.; sa mère, par HOMÈRE, arabe P. S. = Sa grand'mère, par EL BEDAVY, arabe P. S. — Sa bisaïeule, par CIRCASSIEN, arabe P. S. —Sa trisaïeule, par PTOLOMÉE, arabe P. S.

ROSALIE (desc. an. ar.).

M. Vignerte, à Bagnères.

B. Née en 1840, chez M. Vignerte, à Bagnères. — Son père, CAMASH, arabe P. S.; sa mère, par SPY, anglais P. S. = Sa grand'mère, par EUPHRATE, arabe P. S.

ROSETTE (desc. an. ar.).

M. Lagarde-Boë, à Montgaillard.

Al. Née en 1848, chez M. Lagarde-Boë, à Montgaillard. — Son père, ASSASSIN, anglais P. S.; sa mère, par HOMÈRE, arabe P. S. = Sa grand'mère, par EL BEDAVY, arabe P. S. — Sa bisaïeule, par CIRCASSIEN, arabe P. S.—Sa trisaïeule, par PTOLOMÉE, arabe P. S.

ROVELINE (desc. an. ar.).

M. Fitte-Mallet, à Bernac-Debat.

G. Née en 1845, chez M. Fitte-Mallet, à Bernac-Debat. — Son
père, Little Rover, anglais P. S.; sa mère, par Camash,
arabe P. S. = Sa grand'mère, par Shamy, arabe P. S.

1849. *Traduction*, par Tachiani, ar. P. S.

ROWLSTONE (desc. an. ar.).

M. Lafaille, à Hiis.

G. Née en 1841, chez M. Lafaille, à Hiis. — Son père, Rowlston, anglais P. S.; sa mère par Camash, arabe P. S. = Sa
grand'mère, par Euphrate, arabe P. S.

1847. G. M. *Adam*, par Tachiani ou Koheil Hamdani, ar. P. S.
1850. G. M. *Ben Edwin*, par Edwin, an. P. S.

ROXELANE (desc. an. ar.).

M. Carmouse, à Laloubère.

G. Née en 1838, chez M. Dupin, à Laloubère. — Son père,
Rowlston, anglais P. S.; sa mère, par Tamerlan, arabe P. S.
= Sa grand'mère, par Actif, arabe P. S.

SAKKA (desc. ar.).

M. Mailles, à Laloubère.

Al. Née en 1838, chez M. Mailles, à Laloubère. — Son père,
Shaklawie Amdam, arabe P. S.; sa mère, par Camash, arabe
P. S. = Sa grand'mère, par Diezzard, arabe P. S.

1851. Al. M. *Neptune*, par Premier-Août, an. P. S.

SAPIENCE (desc. an.).

M. Barrère-Lagarde, à Iliis.

N. Née en 1851, chez M. Barrère-Lagarde, à Iliis.— Son père,
Spy, anglais P. S.; sa mère, par Hamlet, anglais P. S. = Sa
grand'mère, par Néron, demi-sang anglais.

1850. G. M. *Tripoli*, par Treïfi, ar. P. S.
1851. G. F. *Palmyre*, par Koheil Hamdani, ar. P. S.

SÉDÉRÉINE (desc. an. ar.).

M. Peyramale, à Momères.

G. Née en 1848, chez M. Peyramale, à Momères. — Son père,
Koheil Obayan Sedereï, arabe P. S.; sa mère, par Ourfaly,
arabe P. S. = Sa grand'mère, par Attitat jeune, demi-
sang anglais. — Sa bisaïeule, par Circassien, arabe P. S.
— Sa trisaïeule, par Bédouin, arabe P. S. — Sa quadrisaïeule, par Mahomet, arabe P. S.

SHAKLAVINE (desc. ar.).

M. Saint-Étienne, à Laloubère.

Al. Née en 1845, chez M. Saint-Etienne, à Laloubère.— Son
père, Shaklawie Amdam, arabe P. S.; sa mère, par Massoud,
arabe P. S. = Sa grand'mère, par Ourfaly, arabe P. S.

1850. B. M. *Fakir*, par Emilio, an. ar. P. S.
1851. Al. F. *Mam'zelle*, par Fitz Emilius, an. P. S.

SION (desc. ar.).

M. Peyraube aîné, à Laloubère.

G. Née en 1841, chez M. Peyraube aîné, à Laloubère.—Son

père, SHAKLAWIE AMDAM, arabe P. S.; sa mère, par CAMASH, arabe P. S. = Sa grand'mère, par DIEZZARD, arabe P. S.

SKIRMISINE (desc. an. ar.).

M. Duboë, à Aurensan.

B. Née en 1848, chez M. Duboë, à Aurensan. — Son père, SKIRMISHER, anglais P. S.; sa mère, par MANSOURAH, arabe P. S. = Sa grand'mère par SHAKLAWIE AMDAM, arabe P. S — Sa bisaïeule, par CIRCASSIEN, arabe P. S.

SLANA (desc. an.).

M. Domec, à Laloubère.

B. Née en 1848, chez M. Liby, à Laloubère. — Son père, SLANE, anglais P. S.; sa mère, par ROWLSTON, anglais P. S. = Sa grand'mère, par NÉROX, demi-sang anglais.

SOURIRE (desc. an. ar.).

M. Caparroi-Souyaux, à Laloubère.

Al. Née en 1847, chez M. Caparroi-Souyaux, à Laloubère. — Son père, MINSTER, anglais P. S.; sa mère, par SHAKLAWIE AMDAM, arabe P. S. = Sa grand'mère, par ACTIF, arabe P. S.

SOUVENANCE (desc. an. ar.).

M. Domec-Castera, à Salles-Adour.

G. Née en 1827, chez M. Domec-Castera, à Salles-Adour. — Son père, SPY, anglais P. S.; sa mère, par NÉROX, demi-sang anglais. = Sa grand'mère, par DIEZZARD, arabe P. S.

STELLA (desc. an. ar.).

M. Vergez-Trey, à Lanne.

G. Née en 1846, chez M. Vergez-Trey, à Lanne. — Son père,
Paillasse, anglais P. S.; sa mère, par Camash, arabe P. S.
= Sa grand'mère, par Shamy, arabe P. S.

1851. G. M. *Gladiator*, par Rajah, ar. P. S.

SULTANE (desc. ar.).

M. Anglade, à Boulin.

B. Née en 1840, à Trébons. — Son père, Youssouf, arabe P. S.;
sa mère, par Ourfaly, arabe P. S. = Sa grand'mère par
Actif, arabe P. S.

1850. B. F. *Bouline*, par Jabel, demi-sang ar.

SYRIENNE (desc. an. ar.).

M. Peyramale, à Momères.

G. Née en 1846, chez M. Peyramale, à Momères. — Son père,
Abian ou Koheil Habbas, arabes P. S.; sa mère, par Ourfaly,
arabe P. S. = Sa grand'mère, par Attitat jeune, demi-sang
anglais. — Sa bisaïeule, par Circassien, arabe P. S. — Sa
trisaïeule, par Bédouin, arabe P. S.

TAËL (desc. an. ar.).

M. Lartigue-Carrerot, à Bordères.

G. Née en 1847, chez M. Lartigue-Carrerot, à Bordères. —
Son père, Abian, arabe P. S.; sa mère, par Calif, anglo-
arabe P. S. = Sa grand'mère, par Massoud, arabe P. S. —
Sa bisaïeule, par Actif, arabe P. S.

TACHIANA (desc. an. ar.).

M. Paulette, à Laloubère.

G. Née en 1847, chez M. Paulette, à Laloubère. — Son père,
TACHIANI, arabe P. S.; sa mère, par ALLINGTON, anglais P. S.
= Sa grand'mère, par OURFALY, arabe P. S. — Sa bisaïeule,
par NÉRON, demi-sang anglais.

1851. *Riquet,* par Rajah, ar. P. S.

TAQUINE (desc. an. ar.).

M. Lavigne, à Lanne.

G. Née en 1847, chez M. Lavigne, à Lanne. — Son père, TA-
CHIANI, arabe P. S.; sa mère, par ALLINGTON, anglais P. S. =
Sa grand'mère, par IPSILANTI, anglais P. S. — Sa bisaïeule,
par PALAMINO, demi-sang arabe.

TEKELLA (desc. ar.).

M. Cénac, à Aureilhan.

G. Née en 1847, chez M. Cénac, à Aureilhan. — Son père,
TACHIANI, arabe P. S.; sa mère, par SHAKLAWIE AMDAM, arabe
P. S. = Sa grand'mère, par MAJESTUEUX, arabe P. S. — Sa
bisaïeule, par CALVAMO, demi-sang arabe.

TÉLÉSIE (desc. an. ar.).

M. Sarcia, à Esangles.

B. Née en 1842, chez M. Sarcia, à Montgaillard. — Son père,
EL BEDAVY, arabe P. S.; sa mère, par PETER LIBERTY, arabe
P. S. = Sa grand'mère, par CAMASH, arabe P. S.

THÉRÈSE (desc. ar.).

M. Menou, à Trébons.

G. Née en 1848, chez M. Menou, à Trébons. — Son père,
TREÏFI, arabe P. S.; sa mère, par CAMASH, arabe P. S. = Sa
grand'mère, par MAMELUKE, demi-sang arabe.

TIMEA (desc. an. ar.).

M. Maison-Gros, à Sarsan.

G. Née en 1839, chez M. Deffis, à Momères. — Son père, TIM,
anglais P. S.; sa mère, par SHAMY, arabe P. S. = Sa grand'-
mère, par EUPHRATE, arabe P. S.

1851. B. F. *Clotilde*, par Prospectus, an. P. S.

TIMIDE (desc. an. ar.).

M. Sarcia-Chapeou, à Montgaillard.

Al. Née en 1830, chez M. Sarcia-Chapeou, à Montgaillard. —
Son père, PETER LIBERTY, anglais P. S.; sa mère, par HÉRAC,
arabe P. S. = Sa grand'mère, par PTOLOMÉE, arabe P. S.

1851. G. M. *Platon*, par Koheil Hamdani, ar. P. S.

TORTUE (desc. an. ar.).

M. Dugay, à Trébons.

B. Née en 1846, chez M. Dugay, à Trébons. — Son père, Ko-
HEIL HABHAS, arabe P. S.; sa mère, par FIRAMOR, demi-sang
arabe. = Sa grand'mère, par HAMLET, anglais P. S. — Sa
bisaïeule, par PTOLOMÉE, arabe P. S.

1850. B. F. *Patience*, par Edwin, an. P. S.
1851. B. M. *Troubadour*, par Emilio, an. ar. P. S.

TOURTERELLE (desc. an. ar.).

M. Noguez, à Allier.

Al. Née en 1845, chez M. Noguez, à Allier. — Son père. Nadar, arabe P. S.; sa mère, par El Bedavy, arabe P. S. =
Sa grand'mère, par Enamel, anglais P. S.

1849. Al. F. *Colombe*, par un fils d'Ourfaly, demi-sang ar.

TRAGÉDIE (desc. an. ar.).

M. Bazerque, à Bazet.

B. Née en 1844, chez M. Bazerque. à Bazet. — Son père, Koheil Habbas, arabe P. S.; sa mère. par Spy, anglais P. S.=
Sa grand'mère. par Choueïman, arabe P. S. — Sa bisaïeule.
par Sultan, demi-sang arabe.

1850. G. M. *Avocat*, par Koheil Hamdani, ar. P. S.
1851. Al. M. *Aspic*, par Rajah, ar. P. S.

TREÏFINE (desc. ar.).

M. Duhar, à Trébons.

G. Née en 1848, chez M. Duhar, à Trébons. — Son père,
Treïfi. arabe P. S.; sa mère, par Mansourah, arabe P. S.=
Sa grand'mère, par Shaklawie Amdam, arabe P. S. — Sa bis-
aïeule. par Circassien. arabe P. S.

VA BON TRAIN (desc. an ar.).

M. Noguez-Bordes, à Hiis.

Al. Née en 1847, chez M. Noguez-Bordes. à Hiis. — Son père,
Little Rover, anglais P. S.; sa mère, par Shaklawie Amdam,
arabe P. S. =Sa grand'mère, par Ourfaly, arabe P. S.

1851. Al. F. *Bienvenue*, par Treïfi, ar. P. S.

VADNEA (desc. ar.).

M. Ribes, à Barbazan-Debat.

Al. Née en 1842, chez M. Ribes, à Barbazan-Debat. — Son père, VADNÉ, arabe P. S.; sa mère, par CAMASH, arabe P. S. = Sa grand'mère, par OURFALY, arabe P. S.

1850. B. F. *Worthline*, par Worthless, an. P. S.

VALENTINE (desc. an. ar.).

M. Laporte, à Momères.

B. Née en 1848, chez M. Laporte, à Momères. — Son père, WORTHLESS, anglais P. S.; sa mère, par LITTLE ROVER, anglais P. S. = Sa grand'mère, par OURFALY, arabe P. S.

VAUTRINE (desc. an.).

M. Sempé, à Aureilhan.

G. Née en 1847, chez M. Sempé, à Aureilhan. — Son père, VAUTRIN, anglais P. S.; sa mère, par ALLINGTON, anglais P. S. = Sa grand'mère, par FROGMORE, anglais P. S. — Sa bisaïeule, par NÉRON, demi-sang anglais.

1851. G. F. *Pendule*, par Palagram, an. ar. P. S.

VENDETTA (desc. an. ar.).

M. Charles Baduel, à Soues.

G. Née en 1846, chez M. Charles Baduel, à Soues. — Son père, KOHEIL HAMDANI, arabe P. S.; sa mère, par ALLINGTON, anglais P. S. = Sa grand'mère, par HAMLET, arabe P. S.

VÉNUS (desc. an. ar.).

M. Philippe Portasseau, à Bagnères.

G. Née en 1842, chez M. Philippe Portasseau, à Bagnères. — Son père, CAMASH, arabe P. S.: sa mère, par OURFALY, arabe P. S. = Sa grand'mère, par PETER LIBERTY, anglais P. S.

VESTA (desc. ar.).

M. Artiguenave, à Aureilhan.

G. Née en 1830, chez M. Artiguenave, à Aureilhan. — Son père, CAMASH, arabe P. S.; sa mère, par CHOUEÏMAN, arabe P. S. — Sa grand'mère, par PTOLOMÉE, arabe P. S.

1850. G. F. *Ribiza*, par Darfour, demi-sang ar.
1851. G. M. *Selim*, par Palagram, an. ar. P. S.

VESTALE (desc. an. ar.).

M. Dumestre, à Aureilhan.

Al. Née en 1846, chez M. Artiguenave, à Aureilhan. — Son père, MINSTER, anglais P. S.; sa mère, CAMASH, arabe P. S. = Sa grand'mère, par CHOUEÏMAN, arabe P. S.

1850. B. F. *Facétie*, par Fitz Emilius, an. P. S.
1851. Al. M. *Magyar*, par Hlavie, ar. P. S.

VICTORINE (desc. an. ar.).

M. Carrère-Grillès, à Tarbes.

G. Née en 1845, chez M. Carrère-Grillès, à Tarbes. — Son père, BENI, arabe P. S.; sa mère, par ROWLSTON, anglais P. S. = Sa grand'mère, par SPY, anglais P. S. — Sa bisaïeule, par ALGÉRIEN, arabe P. S.

1849. G. F. *Sophie*, par The Scavenger, an. P. S.
1850. G. M. *Albinos*, par Little Rover, an. P. S.

VIGILANTE (desc. an. ar.).

M. Paulette, à Laloubère.

G. Née en 1842, chez M. Paulette, à Laloubère. — Son père, ALLINGTON, anglais P. S.; sa mère, par OURFALY, arabe P. S. = Sa grand'mère, par CIRCASSIEN, arabe P. S.

1849. G. F. *Dominicaine*, par Hamdani, ar. P. S.

VIGOUREUSE (desc. an. ar.).

M. Tapie-Carazet, à Laloubère.

G. Née en 1839, chez M. Tapie-Carazet, à Laloubère. — Son père, ROWLSTON, anglais P. S.; sa mère, par CIRCASSIEN, arabe P. S. = Sa grand'mère, par SHAMY, arabe P. S.

1851. G. M. *Cyrus*, par Koheil Hamdani, ar. P. S.

VIOLETTE (desc. an. ar.).

M. Bentayou, à Fréchou.

Al. Née en 1847, chez M. Bentayou, à Fréchou. — Son père, PROSPECTUS, anglais P. S.; sa mère, par SHAKLAWIE AMDAM, arabe P. S. = Sa grand'mère, par ALLINGTON, anglais P. S.

1850. Al. F. *Europe*, par Emilio, an. ar. P. S.

YAGA (desc. an. ar.).

M. Lartigue-Carrerot, à Bordères.

G. Née en 1848, chez M. Lartigue-Carrerot, à Bordères. — Son père, THE SCAVENGER, anglais P. S.; sa mère, par CALIF, anglo-arabe P. S. = Sa grand'mère, par MASSOUD, arabe P. S. — Sa bisaïeule, par ACTIF, arabe P. S.

YELVA (desc. ar.).

M. Sauvagnet, à Ibos.

G. Née en 1845, chez M. Sauvagnet, à Ibos. — Son père, ABIAN, arabe P. S.; sa mère, par TAMERLAN, arabe P. S. = Sa grand'mère, par ACTIF, arabe P. S.

YOUKA (desc. ar.).

M. Lafaille, à Iliis.

G. Née en 1859, chez M. Lafaille, à Iliis. — Son père, YOUSSOUF, arabe P. S.; sa mère, par EUPHRATE, arabe P. S.

1847. G. M. *Calumet*, par Little Rover, an. P. S.
1850. N. F. *Fine*, par Assassin, an. P. S.

ZÉLIE (desc. an. ar.).

M. Carrère, à Bagnères.

Al. Née en 1848, chez M. Carrère, à Bagnères. — Son père, ALI BABA, anglais P. S.; sa mère, par PETER LIBERTY, anglais P. S. = Sa grand'mère, par HÉRAC, arabe P. S. — Sa bisaïeule, par PTOLOMÉE, arabe P. S.

ZÉLIMA (desc. ar.).

M. Péré-Minjinou, à Arsizac-Adour.

B. Née en 1855, chez M. le comte Péré, à Tarbes. — Son père, SHAKLAWIE AMDAN, arabe P. S.; sa mère, par CIRCASSIEN, arabe P. S. = Sa grand'mère, par PTOLOMÉE, arabe P. S.

ZÉTULBÉ (desc. an. ar.).

M. Pays, à Visker.

B. Née en 1846, chez M. Pays, à Visker. — Son père, PA-

TROCLE, anglo-arabe P. S.; sa mère, par EL BEDAVY, arabe
P. S. = Sa grand'mère, par CAMASH, arabe P. S.

ZILLAH (desc. an. ar.).

Madame veuve Cazères, à Bours.

G. Née en 1847, chez M. Dinguirard, à Aureilhan. — Son
père, PATROCLE, anglo-arabe P. S.; sa mère, par LITTLE RO-
VER, anglais P. S.= Sa grand'mère, par OURFALY, arabe P. S.
— Sa bisaïeule, par TAMERLAN, arabe P. S. — Sa trisaïeule,
par BATANÉ, demi-sang arabe. — Sa quadrisaïeule, par MA-
HOMET, arabe P. S.

ZIZANIE (desc. an. ar.).

M. Lavigne, à Tarbes.

Bb. Née en 1844, chez M. Daban, à Tarbes. — Son père, KO-
HEIL HABBAS, arabe P. S.; sa mère, par LION, arabe P. S. =
Sa grand'mère, par ENAMEL, anglais P. S.

1851. B. F. *Lutine*, par Illavie, ar. P. S.

ZULEMA (desc. an. ar.).

M. Barbé, à Ibos.

N. Née en 1845, chez M. Barbé, à Ibos. — Son père, NAUTILUS,
anglais P. S.; sa mère, par APOLLON, demi-sang arabe. =
Sa grand'mère, par SCHEIK, arabe P. S. — Sa bisaïeule,
par ABOUKIR, arabe P. S.

1851. B. F. *Soumise*, par Premier-Août, an. P. S.

INDEX [1].

(1) La table est ainsi faite :

Elle offre — sous l'ordre alphabétique — les noms des propriétaires; en regard des noms de chaque propriétaire se trouvent, par ordre alphabétique également, les noms des animaux appartenant à chacun d'eux.

Enfin, l'état civil lui-même étant rédigé suivant l'ordre de l'alphabet, les poulinières y sont inscrites suivant le rang que chaque mot prendrait au dictionnaire.

7